看图学养肉鸡

李连任 主编

中国农业科学技术出版社

图书在版编目(CIP)数据

看图学养肉鸡 / 李连任主编 . —北京：中国农业科学技术出版社，2014. 4
ISBN 978-7-5116-1583-1

Ⅰ. ①看… Ⅱ. ①李… Ⅲ. ①肉用鸡－饲养管理
Ⅳ. ① S831.4

中国版本图书馆 CIP 数据核字（2014）第 059524 号

责任编辑 张国锋
责任校对 贾晓红

出 版 者 中国农业科学技术出版社
北京市中关村南大街 12 号 邮编：100081
电 话 （010）82106636（编辑室）（010）82109702（发行部）
（010）82109709（读者服务部）
传 真 （010）82106631
网 址 http://www.castp.cn
经 销 者 各地新华书店
印 刷 者 北京富泰印刷有限责任公司
开 本 880mm × 1 230mm 1 /32
印 张 5.375
字 数 165 千字
版 次 2014 年 5 月第 1 版 2014 年 5 月第 1 次印刷
定 价 28.00 元

编写人员名单

主　　编　李连任

参编人员

李　童　李连任　李长强　李茂刚

闫益波　张　敏　刘茂娟　徐英霞

前　言

鸡肉是世界上增长速度最快、供应充裕、物美价廉的优质肉类，具有高蛋白、低脂肪、低热量、低胆固醇的“一高三低”的营养特点，作为健康肉类食品不断地为大众所接受。随着我国经济的高速发展，我国国民的肉类消费理念必然会向着健康的方向转变，并且越来越与世界肉类消费发展趋于同步。可以预见，将来肉鸡的需求量会有较大的增长势头，发展肉鸡饲养前景广阔。

《看图学养肉鸡》由长期从事肉鸡养殖技术教学、生产技术服务的专家编写，针对肉鸡养殖新手的特点，介绍了肉鸡市场前景，鸡品种的要求和目前适合养殖品种的特性，养鸡场及鸡舍的建设，饲料配制技术，不同时期的饲养管理，以及疾病综合防控技术等知识。编写过程中，紧扣生产实际，关注肉鸡业发展动向，注重基础性、实用性和先进性，内容全面新颖、重点突出、关注细节、通俗易懂，既提供了技术操作的具体步骤，又配发了图片，可操作性强，是广大初学养殖户快速掌握养肉鸡技术的理想参考书，也适用于鸡场饲养管理人员使用，还可作为大中专院校和农村函授及培训班的辅助教材和参考书。

由于编写人员水平有限，尽管经过再三校对和修正，但书中缺点甚至错误仍在所难免，敬请广大读者批评指正。

编者

2014年2月

目　录

第 1 章

入门：懂的相对多，风险绝对小

第一节　多方考察　全盘了解

一、当前我国肉鸡饲养现状

（一）养殖风险加大

肉鸡饲养的风险主要是行情风险和疫病风险，这两类风险都在逐渐加大，并且越来越大。其原因有以下几项。

1. 饲养成本逐渐提高

10 年来，饲养成本（饲料原料、雏鸡、能源及人工）提高了 1 倍多，而商品肉鸡的售价平均提高不到 70%，严重挤压利润空间，使行情风险提高数倍。

2. 疾病越来越复杂，越来越难以预防和治疗

新病、抗药菌株及病毒变异株不断出现，大病及不治之症增多，混合感染越来越严重，致使疫病风险大大提高，动辄就会出现成批死亡（图 1-1）。一般情况下，行情风险决定养好的情况下最多能赚多少钱，疫病风险决定养不好最多能赔多少钱。所以有人说，20 年前大干的能发家，10 年前大干的能致富，5 年前大干的只能养家糊口，现在技术好、事业心强的还能赚点小钱，技术差的只能赔本赚吆喝。纵观饲养业现状，规模大、技术好的饲养场抗风险能力较强，再加上国家政策扶持有一定效益，小规模的饲养户大多赔本赚吆喝。现在的

图 1-1　疾病混合感染造成大批死亡

饲养变成了技术活，不是谁想养好就能养好，饲养壁垒越来越高。

3. 存在食品安全风险

肉鸡放养缺乏对养殖户的有效监控，松散的监管环境留下了诸多食品安全隐患。由于农户散养的风险不可控，如滥用抗生素等，这使其出口产品在应对国外严格的食品安全检查中面临风险较大。

（二）国家扶持政策向规模化倾斜

肉鸡养殖行业正在发生剧烈转型，向规模化发展。因素有二：一是养鸡利益自然驱使，5 000 只以下规模的养殖户养好了还不值两个人的工钱，尤其是近年来，行情和疫病风险比 3 年前增加了 3 倍以上（指赔钱的次数和幅度）。原先是一年养四批鸡，三批挣一批赔，挣的时候一批能挣一万多，赔的时候赔一两千，现在是一批挣三批赔，一批才能挣一两千，但赔的时候能超万甚至赔上老本，怎么办？只能知难而退。二是国家政策从食品安全角度扶持和促使转型，通过上规模，国家可以更有效地监管和保障食品安全，更有效地控制环境污染，实现低碳、高效饲养。

肉鸡养殖业的发展方向：首先是规模化，只有规模化才能支撑专业化，只有专业化才能实现规范化，也只有规范化才能成就标准化，标准化是食品安全的有力保障，也是未来养殖成功的唯一出路，标准化也是自动化的必然。

（三）供需现状

面对行业发展迅速和人们生活水平的日益改善，13亿人口的需求恐怕就真的是个无底洞。不与发达国家比，要是我们人均消费鸡肉量能达到中等发达国家的水平，我们的养殖量也要增加3倍以上才行。想想30年、20年、10年和5年前的养殖规模，尽管发展很快，我们仍然吃不到足够的肉（包括禽肉、猪肉、牛羊肉等），这就是未来养殖业所要解决的问题，就我们这一两代人来讲，永远都不要担心养殖业会走到尽头。

二、面临的形势

从有利的条件来看，中国的肉鸡生产仍有较大的空间。据美国FAPRI公司预测，到2018年，全球肉鸡产量将接近8 000万吨，今后每年的增长速度仍然是2%，中国可能会比全球更高一些，达到2.5%。近年来，国家对畜牧业的认识、支持力度不断加大，最近几年我国对畜牧业的补贴力度，支持力度有了较大提高，规模化养殖的补贴力度达到二十几个亿。除此之外，还有对禽流感疫苗的补贴。

肉鸡产业发展方式面临新的契机。这几年价格波动是一方面，牛羊肉价格的快速上涨对鸡肉是一个机会，事实证明鸡肉价格便宜，品质优良，会很大程度上替代牛羊肉。

三、肉鸡养殖业的出路

（一）专业化是肉鸡养殖业的唯一出路

专业化是养殖业的唯一出路，专业人员不等同于技术人员；资源+技术+经历=技术，优秀资源+先进技术=竞争优势。

尽管很多人已经从事养殖业多年，但有些养殖户自负、固执和孤傲，他们都说会养，但却没有办法长期养好。即使养殖指标较好，但离专业水平还很远，因为专业告诉我们的不是简单的知道与不知道的关系，更多的是知道后面很多的理论和技术。老养殖户硬着脖子讲了半天，可能是只需要用一个专业话题或术语就能诠释的问题，我们摸索了半辈子，可能对专业来讲就是照本宣科的一种简单道理。

专业的人干专业的事，你懂得相对多，风险就绝对小，养殖结果自然好，如何理解和落实加强饲养管理，严格生物安全的基本要求？这恐怕也是大家必须补的一堂公开课。

（二）技术要从基础做起

什么是基础，就是那些让鸡直接接触到和感受到的一切环境因素，包括饲料、饮水、温度、空气质量、应激、环境中的有害微生物等。

多参加专业的培训班，倾听专家们的意见，从专业的角度全面理解，提高执行力，“以鸡为本”和“以人为本”要结合起来才有效。

（三）不断强化动物保健方案

真正落实防重于治，预防为主的方针，不把希望寄托在大量使用兽药上（图 1–2）。

强化对病原的控制，对病原的研究（图 1–3）、跟踪、扑灭要有切实可靠的措施和方案，强化培养和管理饲养人员，把饲养管理落到实处。

图 1–2　落实防重于治，预防为主的方针

建立立体的生物安全体系，从饲养（营养是否平衡，霉菌毒素是否超标）、饮水（水质各项指标是否符合养殖需要）到环境控制（大环境、小环境、内环境、外环境、微环境）都要有生物安全的概念和兽药卫生的标准（图 1–4）。

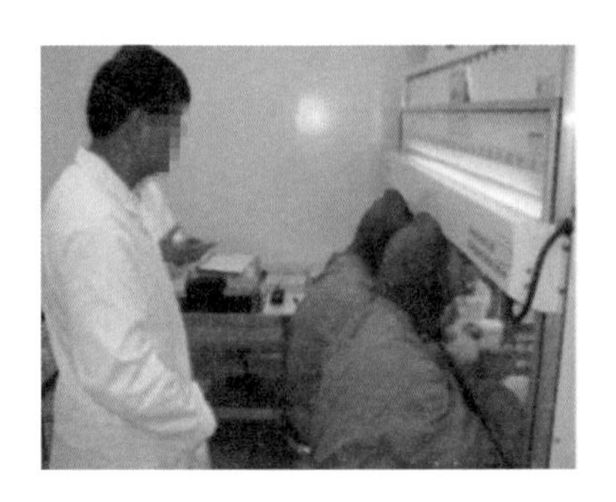

图 1-3　加强对病原的实验室研究

图 1-4　建立生物安全措施

动物保健方案要齐头并进，维生素、必需氨基酸、酶制剂、抗氧化剂、酸化剂、中药制剂（图 1-5）、微生态制剂、抗霉菌毒素产品、生物制品（干扰素、抗病毒蛋白、基因工程免疫复合物等）、有效的疫苗、免疫增效剂等。

图 1-5　推广中药保健

（四）生物安全对养殖业的要求

用兽医卫生的观念去改造每一个从事养殖的人，首先把大家从脏乱差的环境中解脱出来，在干净的环境中关注兽医卫生（图 1-6），那就是让单位体积或面积内所含有的病原微生物降低到零或不足以让动物致病的程度。这种要求主要借助环境消毒和环境监测实现。

图 1-6 注重兽医卫生

第二节 适合自己的才是最好的

目前，我国肉鸡行业主要存在 4 种饲养模式：一种是以饲养市场鸡为主的散户；一种是以饲养龙头放养的合同鸡为主的合同户；一种是公司加农户的养殖公司模式；还有一种是龙头放养新模式。

一、主要饲养模式的操作难点分析

（一）饲养市场鸡的模式

养殖户自行采购鸡苗、饲料、兽药，自行联系出栏。该模式最大的优点是自主性强，对进、出栏价格的把握难度大，养殖风险大。

1. 养殖户的操作难点

图 1-7 雏鸡质量不好，弱雏多

① 雏鸡的质量难以选择和保证（图 1-7）。

② 饲料原料和成品饲料的安全风险难以掌控，玉米虫蛀（图 1-8）和霉变（图 1-9）常见。

图 1-8 虫蛀的玉米

图 1-9 霉变的玉米

③ 缺少稳定的技术力量支持。一批鸡选择多个药店、多个兽医指导，导致药物使用的重复和浪费。散养户因为缺少固定可靠的兽医人员跟踪，等发现疾病的时候往往已错过了最佳治疗时机，不能保证肉鸡的健康出栏（图 1-10）。

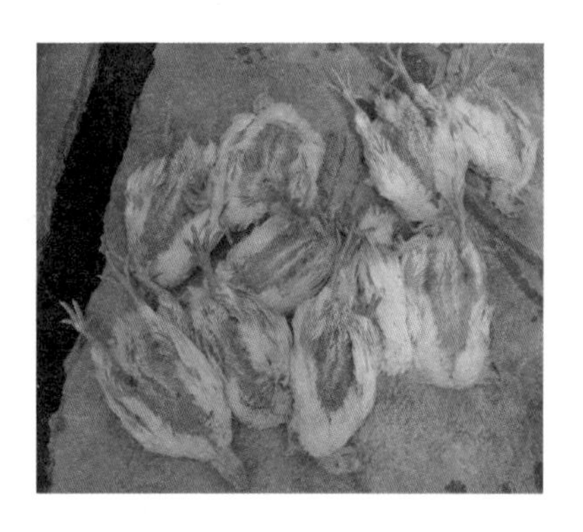

图 1-10 肉鸡后期饲养难度加大

④ 价格风险大。因为市场行情变幻莫测，养殖户（尤其是新养殖户）难以把握进雏和出栏时机。

2. 经销商的操作难点

① 资金投入大，现金流转周期长。目前，经销商一般都是现金采购饲料、兽药，再赊销给养殖户，等养殖户卖鸡出栏后才算账。一旦遇到行情波动和养殖意外导致养殖户赔钱，料、药款的回笼时间就要延长，甚至出现呆死账。

② 养殖户难经营。散养户就相当于一块大蛋糕，卖料的、卖药

的都去争、去抢，没有自己的忠实客户群，就会导致每天都在忙着找客户，市场销量不稳定。

③ 疾病难治疗，药物不见效。多数散养户会同时接受几个兽医的技术服务，往往一个兽医一种说法，养殖户不知道听谁的，导致治疗成本增加，治愈率风险增加。一旦治疗不理想或者控制不住，经销商的资金及声誉还会受到影响。

（二）龙头放养合同鸡的模式

前几年在东北、山东等肉鸡主产省份出现的一种主要饲养模式，由龙头企业为饲养户提供鸡苗、饲料、兽药、技术服务、出栏回收一条龙的全程放养模式，整个链条除鸡苗多是现款外，饲料、兽药几乎全是赊销。此种模式下，龙头企业有大有小，少的一个月放几万，多的几十万，单月放养十几万的龙头企业占多数。

1. 养殖户的操作难点

① 对养殖户来说，基本上是利远远大于弊，难点是养殖技术。在整个链条中，养殖户需要投入的仅仅是场地、设备及人工，其实相当于你在给龙头养鸡，养殖户只要把鸡养好就能获利。

② 正确选择龙头的标准是看哪个龙头放的苗好、料好，哪个龙头提供的技术服务到位，而不是盯着哪个龙头给的条件优厚，只有这样才能跟着龙头养好鸡、多赚钱。

2. 龙头的操作难点

① 资金投入大，回流周期长。对于龙头来讲，最头痛的问题就是现金流。随着饲料价格攀升、兽药成本增加、运输及人员管理费用增加，资金投入越来越大，放养肉鸡所需的饲料、鸡苗、兽药的投资款都需龙头垫付，这些投资款即使在行情好、养殖户赚钱的情况下，也要在50天才能回笼。

② 技术力量短缺，不稳定。放养龙头所拥有的技术力量实力事关重大，既关系到放养鸡的养殖质量，又关系到龙头放养数量及市场声誉，这是龙头在操作链条中最难控制的一个板块。

如今，放养龙头的技术力量一部分由合作厂家提供，一部分靠自己雇佣。厂家技术员存在人员不稳定、药物使用倾向于自家等问题；雇佣的技术人员，则往往由于在管理及思路上的缺陷致使技术力量不稳定、积极性不够。

③ 恶性争夺客户，客户质量参差不齐。笔者在市场跟个别龙头做市场时，发现龙头之间为争夺养殖户，开出的条件竟然到了令笔者都有了养鸡的欲望——龙头不但全面垫付资金而且一旦养殖户赔钱，还要给养殖户象征性的工资，其目的只有一个，争夺养殖户。筛选优秀的养殖户合作，因为竞争根本就顾不上。

④ 风险高。养殖户一旦养殖不成功，就会从龙头上找原因，要么苗的问题，要么料的问题，要么药的问题，总之原因往往在你，很少有人去从自身饲养管理上找问题。

（三）公司加农户的合作社饲养模式

这种模式是由养殖户向养殖公司缴纳一定的保证金，由公司统一安排放苗、料、专人负责技术跟踪，养殖户饲养的鸡由公司回收，并在规定时间内将养殖户的利润款“打”给养殖户。

此模式最大的操作难点也在于养殖户饲养管理水平及思想意识的局限，养殖公司投资巨大，市场行情变数太大，经常会出现养殖户赚钱而养殖公司赔钱的情况。

二、龙头放养新模式的操作

由放养龙头给养殖户统一放苗、料、药、技术服务及肉鸡回收一条龙服务，但采用的不再是赊销，养殖户得到的饲料、兽药也不再是高价位，总结起来就是“一长二低一高”模式，即养殖户现金买进低价饲料、兽药和鸡苗，龙头以每千克高出市场 1 角钱的价格回收毛鸡。

（一）新模式的前提：龙头必须具备可靠稳定的技术力量

没有这个技术做后盾，以后讲的任何环节都不能保证。

关于技术力量，我们着重看看龙头如何管理技术员以保证质量的可靠和稳定——根据市场范围给技术员划定市场服务区域，采用基本工资加工龄工资和奖金的模式，工龄工资与技术员干的时间长短有关，为的是留住优秀技术员，奖金是依据最终养殖结果以及料重比和出栏率等考核指标发放，这样不但可以提高技术员的责任心，更重要的是可以帮助养殖户养好鸡，保证有稳定的高质量的出栏鸡。

（二）新模式的“一长”：确保养殖户 12 天之内的鸡苗质量

即养殖户现款买进市场上质量好、同比价格低的鸡苗，放养龙头确保养殖户 12 天之内的鸡苗质量，该模式打破了目前龙头只保养殖户一周之内鸡苗质量的模式，比一般的龙头多保 5 天，这是建立在龙头有质量稳定且有相当实力的孵化场做后盾的基础之上，更是建立在对鸡苗的利润追逐有长远目光的基础之上。

只有你的放养量大了、鸡养得好了，才能吸引孵化场给你更多的技术及政策上的支持，你才能确保养殖户 12 天之内的鸡苗质量。

（三）新模式的“二低”：饲料和兽药质量高、价格低

1. 第一低：养殖户现款买进的饲料质量稳定可靠且同比价格低

该模式打破了肉鸡养殖业一贯的饲料赊销模式，这也是这套操作模式的关键，尽管表面来看是对龙头割肉心痛的一环。

大家都知道饲料款是养殖链条中最大的一笔支出，随着饲料原料价格的上涨，养殖户用于饲料投入的成本是越来越大，如果现款买到出厂价的饲料，以养一万只肉鸡为例，每只鸡按 5 千克料算，每千克饲料节约 2 角，一只鸡节约 1 元钱，1 万只鸡一个周期就可以省下饲料款 1 万元，所以关键是龙头提供的是料重比低的饲料。

而对龙头而言呢？表面上看是割肉了，饲料这一块没了利润，但是在现金为王的今天，资金周转快就意味着赚钱。而且，客观上能够用现金购买你的低价饲料的养殖户，从一定程度上讲，也应该是个优质客户。最后，你的饲料销量越大，饲料公司给你的政策及扶持就越优厚，返还政策就越宽。

2. 第二低：养殖户现款买进的兽药低价位、高性能

随着养殖规模的扩大，养殖散户已开始联合起来，从厂家购药以节省用药成本，这也是规模养殖发展起来之后的一种趋势。

但是，药物不同于一般商品，须在兽医技术人员的指导下使用才能发挥正常效果，而厂家对养殖户缺少的也是这一环。如果龙头有自己的技术优势，在让养殖户接受专业技术服务的同时，现款买到高性价比的兽药，这样，龙头不仅可以占有更多的大客户资源，大大提高兽药市场销量，还会因为连锁反应吸引兽药厂给予销售政策及技术管理上的更多支持。

（四）新模式的一高：回收的出栏鸡比市场价每斤高 5 分钱

可能很多龙头不理解，前面几个以前有利润的环节现在已经是低价了，这最后回收的一环如果比市场价高，那么龙头的利润在哪里？下面，我们先来看此模式下养殖户的利润从哪里来？暂且以每只鸡为例计算。

1. 料款

按耗料 5 千克算，每千克料节约 2 毛钱，每只鸡即可节约 1 元钱。

2. 兽药

按平均药费 1.5 元来算，每只鸡可节约药费 0.2~0.3 元。

3. 卖价

如果任何时候，养殖户出栏都能比别人每千克多卖 1 毛钱，按每只鸡平均 2.75 千克算，比同行多卖 0.27 元。

这样算下来，养殖户增加的利润就是：节约的饲料款 1 元 + 兽药 0.2~0.3 元 + 多卖的 0.27 元≈ 1.5 元

整个模式总结起来就是养殖户现金买进，得到的是相对低投入和高产出。

而龙头的利润来自于养殖户——跟随你的养殖户越能轻松养殖、越能赚钱，你就越能形成稳定忠实的客户群，你就越能赚钱。而且，还会产生良性连锁反应，得到当地有实力的屠宰场、冷冻厂的支持，

形成优质、稳定、大量的肉毛鸡资源。因为免去了屠宰场随市场行情波动的屠宰量的后顾之忧，屠宰场会给你一个高于市场价的长期收购政策，支撑你的养殖户卖到较高的价格。

所以，在此种模式下，龙头低价售出，得到的是相对低的利润，但却是长久的、稳定的利润，是饲料、兽药、孵化场、屠宰场相对高的优厚的营销政策及多方位的支持，而这是龙头无赊销、少风险、多赚钱的基础。

第三节　思路决定出路

一、选准经营方向

从事商品肉仔鸡生产，还是经营种鸡孵化出售雏鸡，要做到经营决策无误，必须对当地的供求关系、市场价格、生产成本、经济效益等情况进行调查分析，必要时听取专家的意见，搞好市场预测。若市场肉鸡销售良好，价格较贵或者当地属人口密集的城市郊区、工矿区，对市场和经营肉仔鸡比较有利。有些地方交通比较方便，饲料资源丰富，外贸部门大量收购，这样可与有关部门签订合同，联营生产肉仔鸡。当地市场雏鸡供应一直紧张，可考虑新建肉用种鸡场，但饲养肉种鸡技术性比较强，特别是对社会肉鸡生产影响较大，种蛋和鸡苗价格质量直接关系到场家的信誉和经济效益。

二、确定生产规模

新建肉鸡场，办多大规模，要从饲养能力、资源及市场销售能力等方面综合考虑。专业户可以充分利用现有的旧房、闲房改建，以减少投资。每批饲养几百至数千只，经过几批的饲养获得经验，积累资金，再逐步扩大规模，切忌只追求数量，增加饲养密度，造成鸡群拥挤，环境难以控制，鸡体发育差，残疾多，鸡场的经济效益差。另外，在生产投资过程中，也应全面考虑，若投资过多，资金回收年限长；若投资太少，鸡舍比较简易，势必缩短鸡舍使用年限，增加维修费用，鸡舍内环境和卫生状况恶化，鸡群整齐度差，死亡率高，影响经济效益。

三、饲养方式的选择

（一）厚垫料平养

在经过严格消毒的鸡舍地面上，铺设5~10厘米厚的垫料（图1-11），出栏后一次清除垫草和粪便，鸡只整个生长期全在垫料上活动。

因为饲养期比较短，肉鸡较多利用这种形式。这种饲养方式要求垫料柔软、干燥、吸水力强、不易板结、不发霉、无污染。在饲养过程中，应视具体情况随时松动板结垫料（图1-12），清除湿垫料，补充新垫料。

1. 技术优点

① 厚垫料平养技术简便易行，设备投资少，利于农业废弃物再利用和粪污资源化利用。

② 垫料吸潮、消纳粪便等污染物，有利于改善鸡舍环境。

③ 垫料松软，保持垫料处于良好状态可减少腿病和胸囊肿的发

图1-11　厚垫料饲养

图1-12　垫料板结

生，提高鸡肉品质。

2. 技术缺点

① 优质垫料如稻壳、锯末等需求量大，成本较高，而且不同地区的供应状况有别，较难在全国推广。

② 虽然垫料对废弃物有一定的消纳能力，但鸡群与垫料、粪便等直接接触，如果操作管理不当，容易发生球虫病等疾病。

（二）离地网上平养

图 1–13 和图 1–14 是在地板网床上的饲养方式。网床由网底、网架、网围组成，网子高 80~100 厘米，网底用塑料制成。总的要求是平整光滑、有弹性、耐腐蚀。网眼孔隙大小适当，网架要求坚固，耐腐蚀，网围要求与网床垂直，高 50~60 厘米。

图 1–13　网床支架

图 1–14　肉鸡生活在网床上

1. 技术优点

① 网床饲养为自动清粪提供了条件，减少了鸡粪在舍内发酵所产生的有害气体排放，从根本上改善了鸡舍环境条件。

② 网上平养使鸡离开地面，减少了与粪便的接触，降低了球虫病等的发生概率，有助于减少药物投放，提高食品安全水平。

2. 技术缺点

相比地面厚垫料饲养，尽管节省了平时购置垫料的费用，但需要购置网床设备，一次性设备投资较大。

（三）笼养

肉鸡从育雏到出栏一直在笼内饲养（图 1-15）。肉鸡笼养本身有增加饲养密度、减少球虫病发生、提高劳动效率、便于公母分群饲养等优点。但因底网硬、鸡活动受限、胸囊肿出现的概率大、商品合格率低，一次性投资大，难于推广。

图 1-15 肉鸡笼养

笼养便于实现喂料、饮水、清粪等自动化操作，效率显著提高。层叠式笼养还能够实现肉鸡出栏的自动化操作，利用传送带把肉鸡送出鸡舍。自动化水平的提高不仅可以解决肉鸡生产劳动力不足的现实问题，还可降低工作人员进出带来的生物安全风险，对提高养殖水平和产品质量安全具有重要意义。

1. 技术优点

① 节约土地资源。

② 饲养密度增加，可以充分利用鸡群自身产热维持鸡舍温度，显著提高环境控制所需能源等利用效率。

③ 该模式便于提升机械化、自动化水平，实现“人管设备、设备养鸡、鸡养人”，饲养管理人员只需管理设备的正常运行、挑选病死鸡等，劳动效率显著提高。

2. 技术缺点

① 设备投资大。

② 人员素质要求高。

（四）生态放养

1. 散放饲养

果园下（图 1-16）和丰产林下养殖（图 1-17）是鸡群放养模式

图 1-16　果园下养殖

图 1-17　丰产林下养殖

中较粗放的一种模式，把鸡群放养到放牧场地内，在场地内鸡只可以自由走动，自主觅食。该模式适用于饲养规模较小、放牧场地内野生饲料不丰盛且分布不均匀的条件下，如果园、丰产林下养殖。

2. 分区轮流放牧

这是鸡群放牧饲养中管理比较规范的一种模式。它是在放牧养鸡的区域内将放牧场地划分为 4~7 个小区，用尼龙网隔开每个小区，先在第一个小区放牧鸡群，2 天后转入第二个小区，依此类推。这种模式可以让每个放养小区的植被有一定的恢复期，能够保证鸡群经常有一定数量的野生饲料资源。

3. 流动放牧

这种放养鸡群的方式相对较少，它是在一定的时期内，在一个较大的场地中或不连续的多个场地中放牧鸡群。在某个区域内放牧若干天，采食完该区域内的野生饲料后，把鸡群赶到相邻的另一个区域内，依次放牧。这种放养方式无固定鸡舍，使用帐篷作为鸡群休息的场所。每次更换放牧区域都需要把帐篷移动到新的场地并固定。

图 1-18　带室外运动场的圈养

4. 带室外运动场的圈养

在没有放养条件的地方，发展生态养鸡可以采用带室外运动场的圈养方式（图 1-18）。此方式是在划定的范围内按照规划原则建造鸡舍，在鸡舍的一侧，划出面积为鸡舍 5 倍的场地作为室外运动场，运动场内可以栽植各种乔木。在一些农村，有闲置的场院和废弃的土砖窑、破产的小企业等，这些地方均可用于养鸡。

（五）现代化饲养（规模化、标准化饲养）

现代化养鸡（图 1–19、图 1–20）是以现代工业装备养鸡业，以现代科技武装养鸡业，以现代管理论和方法经营养鸡业，这个过程就是现代化养鸡。其基本特征是科学化、集约化、商品化、市场化；基本特点是高产、优质、低耗、高效；基本要求是专业化、一体化、现代化。我国养鸡业正向着这方面努力，有许多养殖企业创出了经验，做出了巨大贡献。

图 1–19　现代化鸡舍

图 1–20　现代化装备

四、确定养殖品种

优质、健康的雏鸡是取得养殖成功的重要前提，只有品种优良的雏鸡，才能具备优良的生产性能，如抗病力强、生长速度快、饲料转化率高等。只有个体健康的雏鸡，才能在饲养过程中少发病，健康生长。

（一）肉鸡的品种

我国的鸡品种资源丰富，以羽毛黄色、黑色和麻色居多，各地区的地方鸡种统称为土鸡。土鸡虽然生长速度较国外快大型鸡慢，但肉质风味鲜美，深受广大民众青睐。因此，肉用土鸡市场份额越来越大。

1. 如何识别肉鸡品种

目前，饲养的肉鸡品种主要分为两大类。

一类是快大型白羽肉鸡（图 1–21），一般称之为肉鸡或肉食鸡。快大型肉鸡的主要特点是生长速度快，饲料转化率高。正常情况下，42 天体重可达 2 650 克，饲料转化率 1.76，胸肉率 19.6%。

另一类是黄羽肉鸡（图 1–22），一般称为黄鸡，也称优质肉鸡。与快大型肉鸡的主要区别是生长速度慢，饲料转化率低，但适应性强，容易饲养，鸡肉风味品质好，因此受到中国（尤其是南方地区）和东南亚地区消费者的广泛欢迎。

图 1–21　快大型白羽肉鸡

图 1–22　黄羽肉鸡

2. 常见的快大型白羽肉鸡品种

当前，市场上的主养品种主要有：AA、艾维茵、罗斯 308 等。

（1）AA 肉鸡　爱拔益加肉鸡简称 AA 肉鸡（图 1–23），由美国爱拔益加家禽育种公司育成，四系配套杂交，白羽。体型大，生长发育快，饲料转化率高，适应性强。

（2）艾维茵（图 1–24） 原产美国，是美国艾维茵国际有限公司培育的三系配套、显性白羽肉鸡。体型饱满，胸宽、腿短、黄皮肤，具有增重快、成活率高、饲料报酬高的优良特点。适于全国绝大部分地区饲养，适宜集约化养鸡场、规模化鸡场、专业户和农户。

（3）罗斯 308（图 1–25） 隐性白羽肉鸡。生长快，饲料报酬高，适应性与抗病力较强，全期成活率高。

3. 常见优质肉鸡品种

我国优质肉鸡品种较多，多由蛋肉兼用鸡经长期选育而成，也有地方品种与引进的快大型肉鸡品种杂交培育而成。

图 1–23
AA 肉鸡

图 1–24
艾维茵肉鸡

图 1–25
罗斯 308

图 1–26
北京油鸡

（1）北京油鸡（图 1–26） 具有冠羽（凤头）和胫羽，少数有趾羽，有的有冉须，常称三羽（凤头、毛脚和胡须），并具有“S”形冠。羽毛蓬松，尾羽高翘，惹人喜爱。平均活重 12 周龄 959.7 克，20 周龄公鸡 1 500 克，母鸡 1 200 克。肉质细嫩，肉味鲜美，适合多种烹调方法。

（2）固始鸡（图 1–27） 个体中等，外观清秀灵活，体型细致紧凑，结构匀称，羽毛丰满。羽色分浅黄、黄色，少数黑羽和白羽。冠型分单冠和复冠两种。90 日龄公鸡体重 487.8 克，母鸡 355.1 克，180 日龄公母体重分别为 1270 克和 966.7 克，

图 1–27 固始鸡

5月龄半净膛屠宰率公母分别为81.76%和80.16%。

图1–28 桃源鸡

（3）桃源鸡（图1–28） 体型硕大、单冠、青脚、羽色金黄或黄麻、羽毛蓬松、呈长方形。公鸡姿态雄伟，性勇猛好斗，头颈高昂，尾羽上翘；母鸡体稍高，性温顺，活泼好动，后躯浑圆，近似方形。成年公鸡体重（3 342 ± 63.27）克，母鸡（2 940 ± 40.5）克。肉质细嫩，肉味鲜美。半净膛屠宰率公母分别为84.90%和82.06%。

（4）河田鸡（图1–29和图1–30） 体宽深，近似方形，单冠带分叉（枝冠），羽毛黄羽，黄胫。耳叶椭圆形，红色。90日龄公鸡体重588.6克，母鸡488.3克，150日龄公母体重分别为1 294.8克和1 093.7克。河田鸡是很好的地方鸡肉用良种，体型浑圆，屠体丰满，皮薄骨细，肉质细嫩，肉味鲜美，皮下腹部积贮脂肪，但生长缓慢，屠宰率低。

图1–29 河田鸡公鸡

图1–30 河田鸡母鸡

（5）丝羽乌骨鸡（图1–31） 在国际标准品种中被列入观赏鸡，在我国作为肉用特种鸡大力推广应用。头小、颈短、脚矮、体小轻盈，它具有“十全”特征，即桑葚冠、缨头（凤头）、绿耳（蓝耳）、胡须、丝羽、五爪、毛脚（胫羽、白羽）、乌皮、乌肉、乌骨。除白羽丝羽乌鸡，还培育出了黑羽丝毛乌鸡。150 日龄公、母体重分别为 913.8~1 460 克、851.4~1 370 克，江西产品种分别为 913.8 克、851.4 克。

图 1–31　丝羽乌骨鸡

（6）茶花鸡（图 1–32 和图 1–33） 体型矮小，单冠、红羽或红麻羽色、羽毛紧贴、肌肉结实、骨骼细嫩、体躯匀称、性情活泼、机灵胆小、好斗性强、能飞善跑。茶花鸡 150 日龄公母体重分别为 750 克和 760 克，半净膛屠宰率公母分别为 77.64% 和 80.56%。

图 1–32　茶花鸡公鸡

图 1–33　茶花鸡母鸡

（7）寿光鸡（图 1–34 和图 1–35） 肉质鲜嫩，营养丰富，在市场上，以高出普通鸡 2~3 倍的价格，成为高档宾馆、酒店、全鸡店和婚宴上的抢手货。公鸡半净膛率为 82.5%，全净膛率为 77.1%，母鸡分别为 85.4% 和 80.7%。

（8）狼山鸡（图 1–36） 产于江苏省如东县，属蛋肉兼用型。体型分重型和轻型两种，体格健壮。狼山鸡羽色分为纯黑、黄色和白色，现主要保存了黑色鸡种，该鸡头部短圆，脸部、耳叶及肉垂均呈鲜红色，白皮肤，黑色胫。部分鸡有凤头和毛脚。500 日龄成年体重公鸡为 2 840 克、母鸡 2 283 克。6.5 月龄屠宰测定：公鸡半净膛率

为 82.8% 左右，全净膛率为 76% 左右；母鸡为 80% 和 69%。

图 1–34 寿光鸡公鸡

图 1–35 寿光鸡母鸡

图 1–36 狼山鸡

（9）萧山鸡（图 1–37） 产于浙江萧山，分布于杭嘉湖及绍兴地区，为蛋肉兼用型，体型较大，外形近似方而浑圆，公鸡羽毛紧凑，头昂尾翘。全身羽毛有红、黄两种，母鸡全身羽毛基本黄色，尾羽多呈黑色。单冠红色，直立，冠齿大小不一。喙、胫黄色。成年公鸡体重为 2 759 克，母鸡 1 940 克。屠宰测定：

150 日龄公鸡半净膛率为 84.7%，全净膛率为 76.5%；母鸡为 85.6% 和 66.0%。

图 1–37　萧山鸡

图 1–38　大骨鸡

（10）大骨鸡（图 1–38）　主产于辽宁省庄河市，吉林、黑龙江、山东、河南、河北、内蒙古自治区等省区也有分布，属蛋肉兼用型品种。大骨鸡体型魁伟，胸深且广，背宽而长，腿高粗壮，腹部丰满，墩实有力，以体大、蛋大、口味鲜美著称。觅食力强。公鸡羽毛棕红色，尾羽黑色并带金属光泽。母鸡多呈麻黄色，头颈粗壮，眼大明亮，单冠，冠、耳叶、肉垂均呈红色。喙、胫、趾均呈黄色。

（11）藏鸡（图 1–39）　分布于我国的青藏高原。体型轻小，较长而低矮，呈船形，好斗性强。黑色羽多者称黑红公鸡，红色羽多者称大红公鸡。还有少数白色公鸡和其他杂色公鸡。母鸡羽色较复杂，主要有黑麻、黄麻、褐麻等色，少数白色，纯黑较少。但云南尼西鸡则以黑色较多，白色麻黄花次之，尚有少数其他杂花、灰色等。

图 1–39　藏鸡

（二）肉鸡品种的选择

选择什么样的肉鸡品种，要视当地消费特点、经济条件、气候特点，结合屠宰要求、品种特点等灵活选择。

1. 根据当地肉鸡消费习惯选择

养殖户可以根据当地肉鸡消费的特点，选择公司养品种，也就是说什么品种的鸡好卖就养什么品种。如当地有肉鸡加工企业或大型肉鸡公司，快大型肉鸡品种销路好，就可以饲养艾维茵、AA 等品种；还可以饲养公司、合作社“放养”的品种，也就是选择“公司 + 农户”的饲养方式；如果本地区对土种鸡的需求量较大，就可以饲养地方品种肉鸡。

2. 考虑自己的经济条件

养殖快大型肉鸡对饲料以及饲养环境要求较高，鸡舍建设投入较高，因此，应根据自己的经济条件选择饲养的品种，开始规模不宜太大。如资金较少，可以建简易的大棚饲养一些适应能力和抗病能力较强的地方品种。

3. 考虑当地的环境条件

建设鸡舍需要较大的面积，一般饲养 2 000~3 000 只肉鸡，需要建长 30 米，宽 9.5~10 米，高 3 米左右的鸡舍；如果在山地附近居住，不好修建如此大的鸡舍，应考虑饲养土种鸡，选择放养的饲养方式。

第 2 章

环境越舒适，肉鸡越健康

第一节　缺资金，先建大棚肉鸡舍

一、选个好场址

大棚鸡舍应选在地势较高，远离其他养殖场和居民区，交通方便，水电齐全的地方（图 2-1）。

图 2-1　选好场址

二、鸡舍建造

鸡舍南北或东西走向均可。跨度（宽度）7~10 米，长度根据饲养规模可大可小，一般 20~80 米，横切面最高点 2.70~2.85 米，两

图 2-2　鸡舍建造样板

肩高 0.85~1.10 米，两肩以下为通风调节口。在两端墙肩之间每 4 米竖 4 排水泥立柱，中间两排最高为 2.5 米，另外，两排高 1.8 米，其后在 4 排立柱上加平行的 4 排横木，横木与立柱固定好。这样鸡舍框架就完成了（图 2–2）。

棚顶为 4 层结构，第 1 层为无滴塑料薄膜，夏天可以阻止上面的强风，冬天可以防止产生雾滴；第 2 层为草栅或麦秸等保温材料（厚 4~6 厘米）；第 3 层为塑料薄膜（起固定作用）；最后一层为厚稻草栅，用 14 号铁丝固定好（每米 2 道）。注意，两端墙与棚顶塑料膜不要固定太死，以免冬季塑料收缩拉坏端墙。棚顶边角用砖压实以防大风损坏（图 2–3 和图 2–4）。

图 2–3 鸡舍顶

图 2–4 顶部压实

图 2–5 钢架结构的大棚

资金条件成熟时，可改建钢架结构的大棚（图 2–5）或用保温材料板建设（图 2-6）。

图 2-6　保温材料板建设的鸡舍

三、取暖设施建设

炉腔建在鸡舍内一侧（图 2-7 和图 2-8），周围注意防火。烟筒要密封好，不可漏气。

图 2-7　炉腔建在鸡舍内一侧

图 2-8　炉腔建在鸡舍内一侧

四、垫料

大棚鸡舍适宜用厚垫料平养（图 2-9 和图 2-10），在夏季最热季节大鸡阶段可用细河沙作垫料，其他季节垫料可全部使用农作物

图 2-9　厚垫料平养

图 2-10　厚垫料平养

秸秆（玉米秸、麦秸等）或稻壳，秸秆要用铡草机切成3~5厘米长晒干，这些垫料清理鸡后可作为优质农家肥料。垫料厚度5~8厘米，要新鲜、柔软、干燥、无霉变。

第二节　资金宽裕，就建标准化肉鸡场

合理的规模化养殖场，首先应建设布局合理。合理的建设布局不仅能为肉鸡养殖提供合适的生长环境，而且便于生物安全防控，使养殖场始终处于洁净、无特种病原的生产环境，肉鸡生产方可持续发展。合理的建设规划和布局是获得养殖成功的首要前提。

一、肉鸡场场址的选择

（一）标准化肉鸡养殖场的特点

① 全封闭化的养殖管理，有利于疫情控制，创造更合适的养殖环境。

② 为生态养殖、绿色养殖、食品安全提供硬件条件。

③ 彻底淘汰传统的小规模散养模式。

④ 设备自动化程度高，节省人工成本，降低劳动强度。

⑤ 一次性投资大，但设备使用寿命长，维护成本低，综合效益高。

⑥ 自动化养殖设备是规模化、现代化、信息化、标准化肉鸡养殖的必然选择。

（二）场址选择

场址要符合当地土地利用和村镇建设发展规划要求。场区土壤质量符合GB15618土壤环境质量标准的规定。土地手续合法，备案手续齐全。未来规模化养殖的发展要脱离传统的养殖核心区和密集区，主动进行边缘化和边远化投资（图2-11）。

懂养殖的人也要学会看“风水”，保证“三通一平”。三通即通

电、通路、通水，一平即地面平整。现在又加上通有线电视、通宽带，成为五通。

图 2-11　鸡场周围绿化

（三）交通要求

交通要方便，以便于雏鸡、饲料、垫料等物资的运进和出栏肉鸡以及粪便等的运出。

（四）水源要求

养殖场必须有清洁、丰富的饮用水源。肉鸡饮用水的水质要好，水中最大矿物质浓度和细菌含量要符合标准（表 2-1）。水中病菌不可超标，水质澄清、无异味，人能饮用则给鸡用，人不能用则不能给鸡用。饮用水中含盐含碱量高，会引起肉鸡腹泻；细菌含量超标如大肠杆菌，就会引起肉鸡大肠杆菌病，投用抗菌药效果不理想，防不胜防。

表2-1　肉鸡饮用水可接受的最大矿物质浓度和细菌含量

物质种类	可接受的最大浓度
可溶性矿物质总量	300~500 毫克 / 升
氯化物	200 毫克 / 升
pH 值	6~8
硝酸盐	45 毫克 / 升
硫酸盐	200 毫克 / 升
铁	1 毫克 / 升
钙	75 毫克 / 升
铜	0.05 毫克 / 升
镁	30 毫克 / 升
锰	0.05 毫克 / 升
锌	5 毫克 / 升
铅	0.05 毫克 / 升
粪大肠杆菌数	0

图 2-12　鸡舍停电中暑，致鸡成批死亡

（五）电力要求

规模化养殖场风机、暖风炉、压力罐、刮粪机、电脑环境控制仪等都需要电，一旦停电，所有的生产设备将会停止运转，短则造成停电应激，久则生产停止、事故频发；轻则应激诱发疾病，如感冒；重则造成突发事故，如中暑，可造成鸡大批死亡（图 2-12）。养殖过程中供电情况必须可靠，因此必须配备适合本场的备用、专用发电机，避免因断电而导致生产停滞或诱发突发事件。

（六）防疫要求

鸡场应距离生活饮用水源地、动物屠宰加工场、动物和动物产品集贸市场 500 米以上；距离种畜禽场 1 000 米以上；距离动物诊疗场所 200 米以上；动物饲养场（饲养小区）之间距离不少于 500 米；距离动物隔离场所、无害化处理场所 3 000 米以上；距离城镇居民区、文化教育科研等人口集中区域及公路、铁路等主要交通干线 500 米以上。

水保护区、旅游区、自然保护区、环境污染严重区、畜禽疫病常发区和山谷洼地等易受洪涝威胁地段不应建场。

二、肉鸡场的规划布局

规划建设养鸡场，要考虑防疫考虑，给鸡以舒适环境，以发挥最大饲养效益。

（一）建设规模设计

根据当地资源、资金，当地及周边地区市场对鸡肉需求的状况，及当地社会经济发展状况等因素，确定肉鸡养殖的发展规模。为了更有效地利用现代化的养殖设施和设备，一般每栋鸡舍按照1.5万~2万只设计，每个养殖场6~10栋鸡舍，也就是现代健康养殖的规模每个批次9万~20万只不等，规模太小影响养殖和经营效益，规模太大对于供雏、防疫、管理、出栏等都会造成很多不便和风险。

规模设计在很大程度上受土地、资金、种苗、屠宰等资源和条件的严格限制，不能违背客观条件而盲目发展。国内已经有很多失败的例子，希望对发展规模养殖的朋友有所警戒和借鉴，毕竟规模养殖也是要关注健康和风险的。

场区占地总面积（表2-2）按每千只鸡200~300米^{2}计算。不同规模鸡场占地面积调整系数为：大型场1.0，中型场（存栏1万~5万只）1.1~1.2，小型场（存栏4 000~1万只）1.2~1.3。

表2-2　不同规模鸡场占地面积（单位：万只、米^2）

饲养规模	占地面积	总建筑面积	生产建筑面积	辅助生产建筑	共用配套建筑	管理区建筑
100	65000~108800	14700~27440	13400~25700	430~640	870~1100	860
50	34800~57000	7940~12440	6800~10900	360~540	780~960	590
10	10600~13500	2660~3530	1370~2230	240~340	540~660	300

（二）场区规划布局

1. 建筑布局

（1）区位划分　建筑设施按生活和管理区、生产区和隔离区3个功能区布置，各功能区界限分明，联系方便。生活区和管理区选择在常年主导风向或侧风方向及地势较高处，隔离区建在常年主导风向的下风向或侧风向及地势较低处。区间保持50米以上距离。

生活和管理区包括工作人员的生活设施、办公设施、与外界接触密切的辅助生产设施（饲料库、车库等）；生产区内主要包括鸡舍内及有关生产辅助设施；隔离区包括兽医室、病死鸡焚烧处理、贮粪场和污水池。

场区大门口要设有保卫室和消毒池（图2-13），建立消毒通道

（图 2-14）。生产区和生活区要有隔墙或建筑物严格分开，生产区和生活区之间必须设置更衣室、消毒间和消毒池，供人员出入，出入生产区和生活区之间必须穿越消毒间和踩踏消毒池；生产通道供饲料运输车辆通行，设有消毒池，进入车辆必须严格消毒，禁止人员通行。

图 2-13　门口消毒池

图 2-14　消毒通道

（2）道路设置　场区间联系的主干道为 5~6 米宽的中级路面，拐弯半径不小于 8 米。小区内与鸡舍或设施连接的支线道路，宽度以运输方便为宜。场内道路分净道和污道（图 2-15），两者严格分开，不得存在交叉现象，生产和排污各行其道、各走其门，不得混用。污道要设有露肩且做好硬化处理，便于消毒和冲洗。

图 2-15　污道

2. 配套设施

（1）给排水　场区内应用地下暗管排放污水，设明沟排放雨、雪水（图 2-16）。污水通道即下水道，要根据地势设有合理的坡度，保证污水排泄畅通，保证污水不流到下水道和污道以外的地方，防止形成无法消毒或消毒不彻底而形成永久性污染源。

（2）供电　电力负荷等级为民用建筑供电三级。自备电源的供电容量不低于全场用电负荷的1/4。

图2-16　明沟排放雨、雪水

3. 场区绿化

鸡场应对场区空旷地带进行绿化或植桑等（图2-17）。鸡舍两头，有条件的时候在鸡舍近端（净道）设置10米左右的防护林带，特别在夏季既利于空气净化又利于降温；在鸡舍远端（污道）预留15米左右的防护林带，否则纵向通风抽出的污浊的空气和粉尘会影响到庄稼、蔬菜和果树等，从而引起不必要的纷争。

图2-17　鸡场空旷地带植桑

4. 场区环境保护

新建鸡场须进行环境评估，确保鸡场不污染周围环境，周围环境也不污染鸡场环境。

采用污染物减量化、无害化、资源化处理的生产工艺和设备（图2-18，图2-19）。鸡场锅炉应选用高效、低阻、节能、消烟、除尘

的配套设备。

污水处理能力以建场规模计算和设计，经处理后的污水排放标准应符合 GB8978 或 GB14554 的要求。污水沉淀池要设在远离生产区、背风、隐蔽的地方，防止对场区内造成不必要的污染。

图 2-18　鸡粪应随时运出场外进行无害化处理

图 2-19　死鸡处理区要设有焚尸炉，用来焚烧病死鸡只和疫苗包装垃圾

对于土建以后定点取土的地方，经过处理后建设成鱼塘，栽藕养鱼，同时也利于净化后冲刷鸡舍的污水排放。

5. 场内消防

为防止火灾（图 2-20），鸡场应采取经济合理、安全可靠的消防措施，按 GBJ39 的规定执行。

图 2-20

三、鸡舍建造

（一）判断鸡舍好坏的标准

好的鸡舍便于饲养环境的掌控，所以判断鸡舍好与不好的一个重要标准就是看是否有利于控制饲养环境。

环境控制的重点是：温度、湿度、通风、密度。如鸡舍保温性能好，温度就便于掌控，且节省燃料，降低饲养成本，夏季也便于高温的控制；通风条件好既能保证舍内空气质量，同时又不影响温度的掌控，且不会因通风不当而造成感冒或诱发呼吸道疾病。

（二）鸡舍建筑类型

我国一些畜牧工程专家根据我国的气候特点，以1月份平均气温为主要依据，保证冬季鸡舍内的温度不低于10℃，建议将我国的鸡舍建筑分为5个气候区域。Ⅰ区为严寒区，1月份平均气温低于-15℃，Ⅱ区是寒冷区，气温在-15~-5℃，此两区采用封闭式鸡舍。Ⅲ区为冬冷夏凉区，-5~0℃，Ⅳ区为冬冷夏热区，0~5℃，此两区采用有窗可封闭式鸡舍。Ⅴ区为炎热区，大于5℃，采用开放式鸡舍。

1. 封闭式鸡舍

即无窗鸡舍（图2-21）。鸡舍无窗（可设应急窗），舍内气候完全人工调控，因此，对于生产的控制也有效。当然，人工控制舍内气候的成本较高，对电的依赖性极强。

图2-21　无窗鸡舍

2. 开放式鸡舍

鸡舍设有窗洞或通风带，不供暖，靠太阳能和鸡体散发的热能来维持舍内温度；以自然通风为主，必要时辅以机械通风；采用自然光照辅以人工光照。开放式鸡舍具有防热容易、保温难和基建投资运行费用少的特点。开放使鸡易受外界影响和病原的侵袭。我国南方地区一些中小型养鸡场或家庭式养鸡专业户往往采用（图2-22）。

图2-22　开放式鸡舍

3. 有窗可封闭式鸡舍

这种鸡舍在南北两侧壁设窗作为进风口，通过开窗机来调节窗的开启程度（图 2-23）。气候温和的季节依靠自然通风；在气候不利时则关闭南北两侧大窗，开启一侧山墙的进风口，并开动另一侧山墙上的风机进行纵向通风。兼备了开放与封闭鸡舍的双重功能，但该种鸡舍对窗子的密闭性能要求较高，虽然可以打开，但可能会造成贼风，因其只能全开或全关，因此，调节温度的作用有限。我国中部甚至华北的一些地区可采用此类鸡舍。

图 2-23　有窗可封闭式鸡舍

第三节　给生态放养的肉鸡搭建鸡舍

肉鸡生态放养，要抓住原始、生态、无污染环节，实行自由放养，让鸡群觅食昆虫、嫩草、树叶、籽实和腐殖质等自然饲料为主，人工科学补料为辅，严格限制化学药品和饲料添加剂的使用，禁用任何激素和人工合成促生长剂，通过良好的饲养环境、科学饲养管理和卫生保健措施，最大限度地满足鸡群的营养、生理和心理需要，提高鸡群本身的免疫力，使肉、蛋产品达到无公害食品乃至绿色食品的标准。因此，在场址选择与建设上，与普通鸡的要求有所差别。

一、场址的选择

（一）选址原则

① 有利于防疫。

② 场地宜在高燥、干爽、排水良好的地方。

③ 场地内要有遮荫。

④ 场地要有水源和电源。

⑤ 场地范围内要圈得住。

图 2-24　科学选址

（二）位置

① 荒坡林地及荒山地（图 2-25）。

② 山区。

③ 果园。

④ 冬闲田。

图 2-25　位置合适

二、场区布局

场区布局应科学、合理、实用，节约土地，满足当前生产需要，同时考虑将来扩建和改建的可能性。鸡场可分成生产区和隔离区，规模较大的鸡场可设管理区。根据地形、地势和风向确定房舍和设施的相对位置，各功能区应界限分明，联系方便。放养区四周设围栏（图 2-26），围网使用铁丝网或尼龙网。

图 2-26　四周设置围栏

三、鸡舍类型与建造

肉鸡生态放养的鸡舍建造不拘一格，根据自己的实际情况，可选择简易棚舍、塑料大棚鸡舍，也可以使用密闭鸡舍。

1. 简易棚舍

简易鸡舍要求能挡风，不漏雨，不积水即可，材料、形式和规格因地制宜，不拘一格，但需避风、向阳、防水，多点设棚，内设栖架（图 2-27），鸡舍周围放置足够的喂料和饮水设备，其配置情况与固定式鸡舍相同。

图 2-27　设置栖息架

2. 普通型鸡舍

可参考普通的要求搭建。

3. 塑料大棚鸡舍

塑料大棚鸡舍（图 2-28）就是用塑料薄膜把鸡舍的露天部分罩上，利用塑料薄膜的良好透光性和密封性，将太阳能辐射和机体自身散发的能量保存下来，提高棚舍内温度，降低鸡的维持需要，使更多的养分供给生产。

图 2-28　简易塑料大棚鸡舍

第四节　养殖肉鸡常用的设备与管理

一、肉鸡场重要的生产设备

（一）环境控制设备

1. 供暖设备

育雏阶段和严冬季节需要供暖设备，可以用电热器、水暖、暖气、红外线灯、远红外辐射加热器、火炕（图 2-29）、煤炉（图 2-30）、锅炉等设备加热保暖。只要能保证达到所需温度，可因地制宜地选择供暖设备。烟道供温和煤炉供温要注意防火，防漏气。

图 2-29　火炕供温

图 2-30　煤炉供温

保温伞供温：保温伞（图 2-31）由伞部和内伞两部分组成。伞部用镀锌铁皮或纤维板制成伞状罩，内伞有隔热材料，以利保温。热源用电阻丝、电热管子或煤炉等，安装在伞内壁周围，伞中心安装电热灯泡。直径为 2 米的保温伞可养鸡 300~500 只。保温伞育雏时要求室温大于 24℃，伞下距地面高度 5 厘米处温度 35℃，雏鸡可以在伞下自由出入。此种方法一般用于平面垫料育雏。

图 2-31　红外线保温伞

利用红外线灯泡（图 2-32）散发出的热量育雏，简单易行，被广泛使用。为了增加红外线灯的取暖效果，可在灯泡上部制作一个大小适宜的保温灯罩，红外线灯泡的悬挂高度一般离地 25~30 厘米。一只 250 瓦的红外线灯泡在室温 25℃时一般可供 110 只雏鸡保温，20℃时可供 90 只雏鸡保温。

图 2-32　红外线灯泡供温

远红外线加热供温：远红外线加热器（图 2-33）是由一块电阻丝组成的加热板，板的一面涂有远红外涂层（黑褐色），通过电阻丝激发红外涂层发射红外光发热，使室内加温。安装时将远红外线加热器的黑褐色涂层向

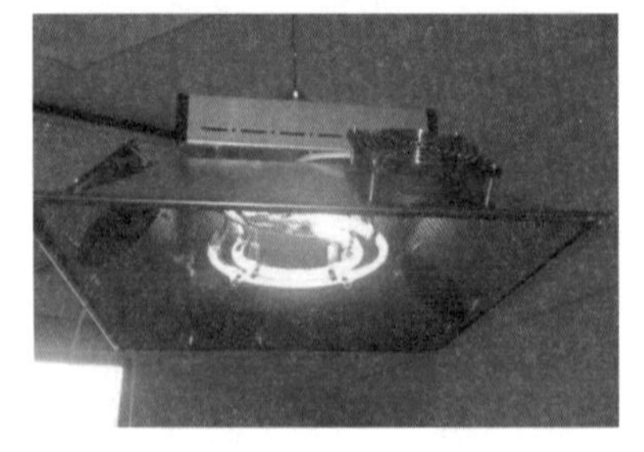

图 2-33　远红外线供温

下，离地 2 米，用铁丝或圆钢、角钢之类固定。8 块 500 瓦远红外线板可供 50 米^{2}育雏室加热。最好是在远红外线板之间安上一个小风扇，使室内温度均匀，这种加热法耗电量较大，但育雏效果较好。

图 2-34　暖风炉主机

暖风炉主机是风暖水暖结合的整机（图 2-34），以燃煤为主，配装轴流风机（图 2-35）。运行安全可靠，热风量大，热利用率高，具有结构紧凑、美观、实用安全、节能清洁等特点（图 2-36），便于除尘和维修。

图 2-35　轴流风机

图 2-36　暖风炉的安装

2. 通风设备

通风设备的作用，是将鸡舍内的污浊空气、湿气和多余的热量排出，同时补充新鲜空气。主要包括风机、湿帘等。

（1）风机　多数鸡舍必须采用机械通风来解决换气和夏季降温等问题。通风机械普遍采用的是风机和风扇。现在一般鸡舍通风多采用大直径、低转速的轴流风机。通风方式分送气式和排气式两种：

送气式通风是用通风机向鸡舍内送入新鲜空气，使鸡舍内形成正压，排走污浊空气；排气式通风是用通风机将鸡舍内的污浊空气抽出，使鸡舍内形成负压，新鲜空气由进气孔进入。

图 2-37　纵向风机

纵向风机（图 2-37）一般都安装在鸡舍远端（污道一侧），采用负压通风方式，风机 6~8 台。若安装 8 台，往往会受到鸡舍建筑尺寸的限制，有 2 台要安装在侧墙上（远端）。风机功率在 1.1~1.4 千瓦 / 台。纵向风机的作用，主要是满足肉鸡养殖后期和炎热季节对通风换气和散热降温的需要。

侧向风机（图 2-38 和图 2-39）均匀分布在鸡舍一侧，采用负压通风方式。风机功率在 0.2~0.4 千瓦 / 台。侧向风机主要是满足肉鸡育雏期对缓和通风换气的基本需要，寒冷季节养殖肉鸡，主要依赖侧向风机的通风换气。但在我国北方冬季养殖肉鸡，很少使用纵向风机。

图 2-38　侧向风机

侧向和纵向风机的有效组合，支撑着整个通风换气系统的正常运转。

全自动化操控室

风机

图 2-39　侧向风机

开放式鸡舍主要采用自然通风，利用门窗（图 2–40）和自动通风天窗（轴流风机和换气扇结合使用）的开关来调节通风量（图 2–40、图 2–41 和图 2–42），当外界风速较大或内外温差大时，通风较为有效；而在夏季闷热天气时，自然通风效果不大，需要机械通风作为补充。有些地区，也可使用通风管通风换气（图 2–43）。

图 2–40　窗户可以开关

图 2–41　通风天窗

图 2–42　换气开关

图 2–43　通风管通风

图 2–44　湿帘装置

（2）湿帘　空气通过湿帘（图 2–44）进入鸡舍时降低了一些温度（图 2–45），从而起到降温的效果。湿帘降温系统由纸质波纹多孔湿帘、风机、水循环系统及控制装置组成。夏季空气经过湿帘进入鸡舍，可降低舍内温度 5~8℃。

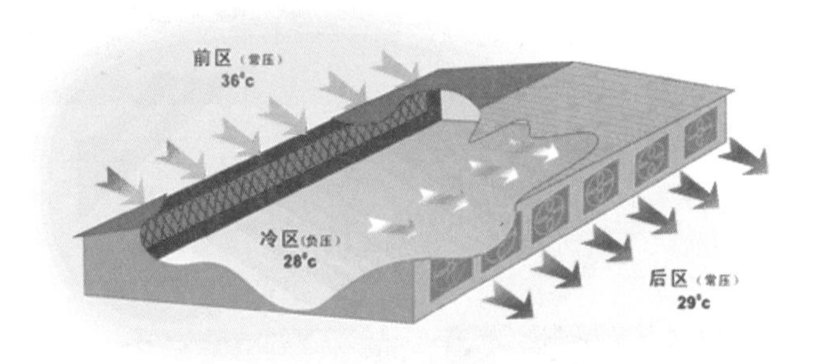

图 2–45　空气通过湿帘降温

3. 光照设备

目前，采用白炽灯、日光灯和高压钠灯等光源照明。白炽灯应用普遍，也可用日光灯管照明，将灯管朝向天花板，使灯光通过天花板反射到地面，这种散射光比较柔和均匀。用日光灯照明比较节电。

4. 清粪设备

鸡舍内的清粪方式有人工和机械清粪两种。小型鸡场一般采用人工定期清粪，中型以上鸡场多采用自动刮粪机（图 2–46 和图 2–47），清理出的鸡粪随时拉出鸡场。

图 2–46　刮粪板动力

图 2–47　刮出的粪便

（二）主要饲养设备

1. 供料设备（料线）

（1）贮料塔　贮料塔（图 2-48 和图 2-49）是自动喂料系统必不可少的一部分，可以一栋鸡舍一个，也可以两栋鸡舍共用一个。为了便于考核，建议每栋鸡舍一个贮料塔比较好；如果是两栋鸡舍合用一个贮料塔，不仅考核分不清，关键是到了养殖后期肉鸡采食多的时候，因为饲料生产、道路、天气原因而影响拉料时，若饲料贮备不够，就易致饲料供给不足而影响增重。

图 2-48　料塔

图 2-49　给料塔加料

（2）给料机　主要有链式和塞盘式给料机两种（图 2-50 和图 2-51）。链式给料机是我国供料机械中最常用的一种供料机，平养、笼养均可使用。链式给料机由料箱、链环、驱动器、转角轮、长形食槽等组成，有的还装有饲料清洁器。塞盘式给料机为平养鸡舍设计，适于输送干粉全价饲料。塞盘式给料机由传动装置、料箱、输送部件、食槽、转角器、支架等部件组成。

（3）食槽　食槽可用木材、镀锌铁皮、硬质塑料制作。食槽的形状影响饲料能否充分利用，槽底最好“V”字形（图 2-52），食槽过

图 2-50　链式给料机

图 2-51　塞盘式给料机

浅、没有护沿，会造成饲料浪费。食槽一边较高、斜坡较大，能避免肉鸡采食时将饲料抛洒出槽外，可在面向鸡的一面的槽口设 2 厘米高的挡料板。如在鸡群中使用，两边都要加挡料板，中间还要装一个可以自动滚动的圆木棒。

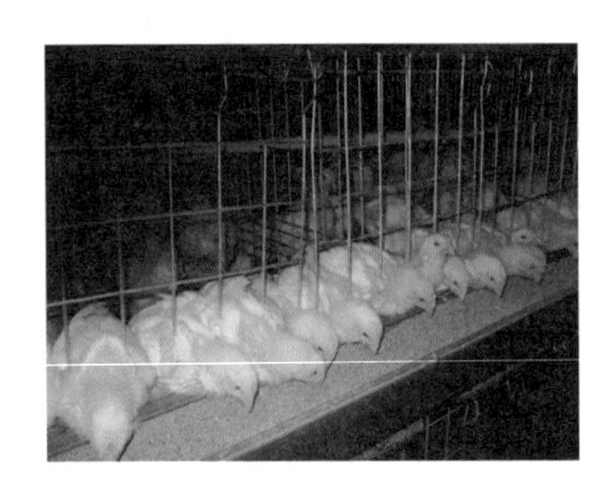

图 2-52　"V"字形食槽

图 2-53　圆形饲料桶

（4）圆形饲料桶（图 2-53）可用塑料和镀锌铁皮制作，主要用于平养。圆形饲料桶置于一定高度，料桶中部有圆锥形底，外周套以圆形料盘。料盘直径 30~40 厘米，料桶与圆锥形底间有 2~3 厘米的间隙，便于饲料流出。

2. 育雏笼具

肉鸡笼养分为阶梯式（图 2-54）和层叠式笼养（图 2-55）两种方式。阶梯式笼养便于在地面设计自动刮粪系统，方便及时清理粪便；层叠式笼养一般在每层笼下设置粪盘，也可以在每层笼下设置传送带输送粪便，提高了自动化水平，改善了鸡舍环境条件。

图 2-54　阶梯式笼养

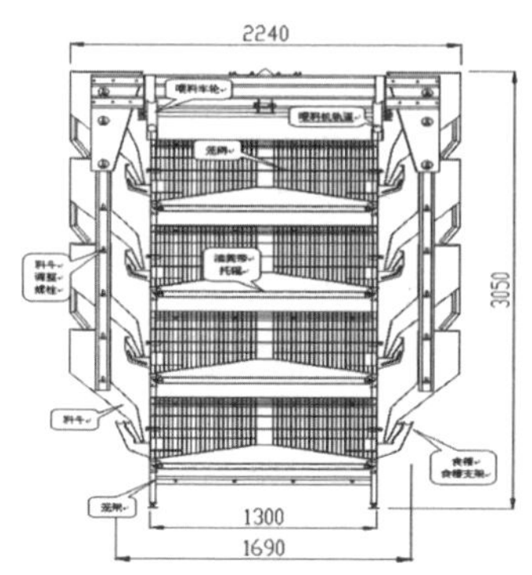

图 2-55 层叠式鸡笼（毫米）

3. 供水设备（水线）

目前，养殖场常用的饮水系统主要有以下四种：槽式、真空式（图 2-56）、杯式和乳头式饮水器（图 2-57）。前三者结构简单、使用方便、供水可靠、价格便宜，但饮用水直接暴露于空气中，水易蒸发，鸡舍潮湿，不仅造成浪费，还容易污染水体，引发传染病，不利于防疫与彻底清洗。乳头式饮水器水质不易污染，能减少疾病的传播，蒸发量少，且清洗方便、劳动强度低，是一种封闭式的理想饮水设备，因而生产中建议使用乳头式饮水器。

图 2-56　真空饮水器

图 2-57　乳头式饮水器

二、设备管理的重点

先进的设备是规模化养殖场的主要特点，如何让其发挥最佳的性能，如何延长这些设备的使用寿命，最大限度地减少或避免设备故障，是养鸡场安全生产的主要任务之一，管理人员必须正确使用和管理这些设备。

（一）规范操作

规模化养殖场必须对饲养员尤其是新进人员包括后勤人员进行现场技术培训，让他们尽快了解设备特点和功能，迅速熟练操作，做好定期安全检查。

（二）定期保养和维修

及时检查、清洗和保养设备，做到小修及时、大修准时，努力减少计划外检修，保证生产正常运行。一批鸡出栏后，要指定专人负责设备检修和保养，不可麻痹大意，保障下一批进鸡后，设备能正常运转。

设备的维护和保养要结合设备使用说明书，不能蛮干。不同的区域、不同的养殖场，设备不一样，检修也有不同的要求。这里列举几个重要设备的维护保养，供参考。

1. 水线的维护和保养

首先保证水线（图 2-58）有合理的压力，定期冲洗水线、过滤器、乳头。肉鸡出栏后的维护保养非常重要。

图 2-58　肉鸡水线

2. 料线的维护和保养

塞盘式料线（图 2-59）因能增加采食料位，使用场家越来越多。其动力设备见图 2-60。

图 2-59　塞盘式料线

图 2-60　塞盘式料线的动力设备

料位的调节：调节手柄上面 3 道横沟（图 2-61）用于控制下料速度，前端有 3 个大小不同的孔（图 2-62），用于下料，从左到右 3 条横沟对应前面 3 个孔，从而控制下料的快慢和多少。

图 2-61　塞盘式料盘调节手柄图

2-62　塞盘式料盘调节手柄上的下料孔

分饲调节：把图 2-63 中小把手扭平，掀起白色罩上提，让白罩上箭头对准数字，即可进行分口大小调节（图 2-64）。

调节下料多少的办法：调节上面梅花环，就可以调节里面下料多少（图 2-65）。下料罩与料盘底的差距大小，也是下料多少

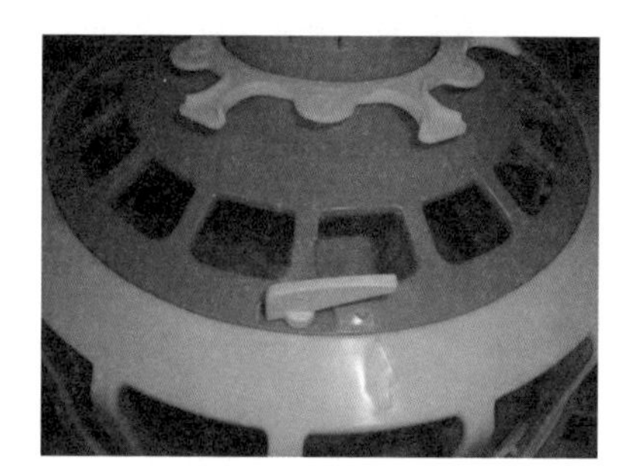

图 2-63　塞盘式料盘小把手可调节分口大小

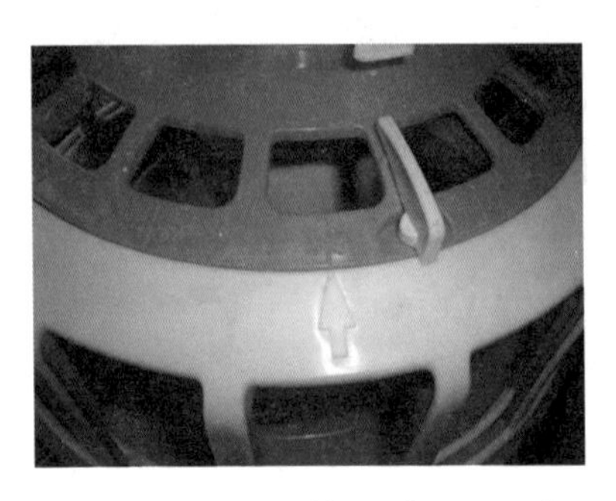

图 2-64　塞盘式料盘小把手可调节分口大小

图 2-65 调节梅花环，可调节下料多少

的标志（图 2-66）。

料塔要做好防水工作，以免饲料发霉或结块，影响饲料质量和饲料的传送。夏季，要注意料塔不可一次贮料过多，随用随加，同时做好隔热处理，防止料塔内温度过高影响饲料质量和品质。

图 2-66　料槽边缘高低的调节：压里边白圈，上提即可调节

3. 暖风炉的管理和检查

（1）检查水位　随时检查补水箱的水位，保证其中始终有水，并做到及时添加，防止因缺水干烧而烧坏暖风炉；及时排净热水循环管和辅机中的气体，保持辅机内热水的正常循环。定时检查辅机进水管和出水管的接口是否牢固，防止接口松动而流水，导致暖风炉缺水被烧坏。

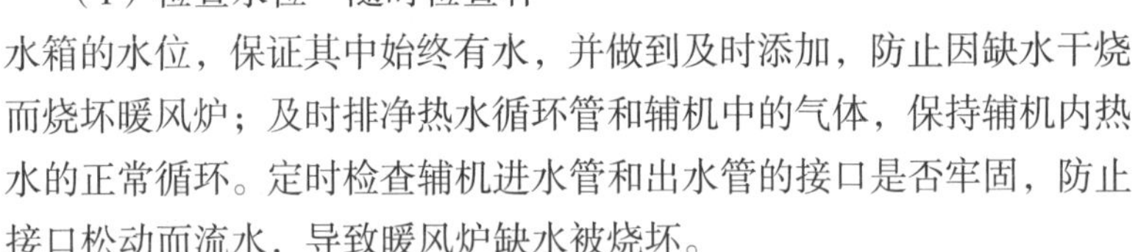

（2）停电后的管理　停电时，因循环水泵停止工作，暖风炉中的热水随之停止循环，炉腔内的热水变成死水，很快便会被烧开而发生热水喷溢，这样炉子极易被烧坏。而且，再次通电后，因热水循环管中缺水进气，导致辅机中有气体存在，而使出线辅机不热。所以，停电后要立刻关闭暖风炉风门，打开添加煤炭的炉门，并用碎灰封上炉火，把电脑置于停止状态；待电源恢复供应时，再次给辅机、热水循环管进行排气；同时查看补水箱，注意补水。等到一切恢复正常，再把暖风炉置于正常工作状态，置电脑于自动控制状态。

（3）检查炉灰和烟囱　当暖风炉停止使用时，要彻底清理炉膛和炉腔中的煤灰，防止炉灰填满炉腔、炉火不能有效加热热风管，影响供暖效果；仔细检查烟囱，尤其是烟囱的接口、烟囱的背面，查看是否有漏烟的地方，并做到及时修缮或更换，防止进鸡后烟囱冒烟或外漏有害气体，对肉鸡造成危害。

（4）辅机的检查和维护　对于水暖辅机，在使用过程中，要勤于排气，保持热水畅通和良好的散热功能。出鸡后清理辅机时，要卸开辅机，彻底清理辅机上黏附的舍内粉尘。如果用水清洗，要注意保护电机，并注意水压不可过大，防止将散热片喷坏。清理后，用气枪吹干，防止叶片生锈或轴承锈死。再次进鸡时，提前用手转动风叶，然后再通电工作，防止因轴承生锈而烧坏电机。

（5）温度探头的检查　勤于检查温度探头位置，做好温度探头的防水工作，保证其灵敏，所反映的温度真实准确。

4. 风机和进风口的检查

定期检查风机转速，传送带松紧度，风机外面的百叶窗开启和关闭状况，定期往轴承上涂抹润滑油，保证风机正常工作，避免因百叶窗关闭不好出现往舍内倒灌凉风的现象。进风口要求关闭良好，发现问题及时修缮。

5. 电脑环境控制仪的检查

定期检查环境控制仪探头、仪表位置是否合适，有无移动，保证温度、湿度、负压指数具有代表性；根据舍内鸡只要求及时调整环境控制仪的各项指标示数，以更好地控制舍内环境。环境控制仪一般由技术场长或助理管理人员操作，其他任何人都不许随便触动，更不许随意改动。

6. 发电机及配电设备的检查

对于发电机及配电设备，也要定期检查，以保证良好的工作状态，做到随开随用，要用能开；同时备好燃料油、水、防冻液、维修工具、常用配件等。中型以上规模的养殖场，要有两台发电机组，一台即用，一台备用。

所有配电设备要做好防水工作，尤其是冲刷鸡舍时更需注意。要定期检查电线接头是否良好、有无老化和漏电现象。对容易腐蚀的金属设备，要定期涂刷防锈漆，延长其使用寿命。对高负荷运转的风机、电机、刮粪机等，要经常涂抹润滑油，做好定期保养。

中小型规模养鸡场一旦停电，整个养殖过程就会陷入瘫痪状态。由于采用 24 小时光照饲养肉鸡，若突然停电，极易造成鸡群应激，出现鸡群扎堆死亡；还会使饮水系统停止供水，喂料系统停止供料，供暖设备停止供暖，通风系统风机停转。如果是在饲养前期，鸡群易患感冒并诱发呼吸道疾病。规模化养鸡场为封闭式鸡舍，如果停电发生在夏季，且在饲养的后期，由于风机停转，湿帘系统不能降温，随时可能发生中暑现象。

为确保稳定、安全生产，避免发生事故，平时可进行定时停电训练，此法可增强鸡群对应激的适应能力。具体方法如下。

（1）训练日龄　可在 12 日龄时，开始定时停电训练（因大日龄鸡群训练应激大）。

（2）训练方法　天黑后先亮灯 1 小时，然后关闭电源，观察鸡群情况，若鸡群出现骚乱，应立刻开灯，待鸡群平静下来后再关灯，如此重复 3~4 次。经过约一个星期的训练，把停电时间控制在 1~2 小时。

（3）减少应激　为减少应激，可在开始停电训练前一天，使用泰乐菌素 + 多维饮水 4 小时，连用 3 天。

（4）辅助措施　细分鸡群，把大鸡群（几千到几万）分成每栏 1 000~2 000 只，这样鸡群就不容易扎堆死亡。

7. 门窗的开启和关闭

随时检查门窗和烟囱，出现问题及时修缮。

第 3 章

养好雏鸡就成功了一半

第一节 做好进雏前的准备工作

虽然育雏期（快大型肉鸡一般指 0~7 日龄）时间短暂，只占到肉鸡生产阶段（快大型 42 日龄）的 1/6 左右，但雏鸡阶段（图 3–1）是肉鸡一生最重要的阶段。这段时间出现的任何失误，都不能在今后的肥育期弥补，并将严重影响以后的生长速度、成活率、饲料报酬，直接影响经济效益。好的准备工作始于制定一个完善的育雏工作程序，甚至在雏鸡入舍前就应该制定好。

图 3–1　健康雏鸡两眼炯炯有神

一、雏鸡的特点

① 雏鸡是比较适合运输的动物，因在出雏的 2 天内，雏鸡仍处于后发育状态（图 3–2）。

② 雏鸡脐部在 72 小时内是暴露在外部的伤口，72 小时后会自己愈合并结痂脱落。

③ 雏鸡卵黄囊重 5~7 克，

图 3–2　处于后发育状态的雏鸡

内含有供雏鸡生命所需的各种营养物质，雏鸡靠它能存活 5~7 天。雏鸡开始饮水、采食越早，卵黄吸收越快。

二、进雏前的准备工作

（一）鸡舍的清洗和消毒

在清扫的基础上用高压水彻底冲洗空舍天棚、地面、笼具等（图 3–3），做到地面、墙壁、笼具等处无粪块。地面上的污物经水浸泡软化后，用硬刷刷洗后，再冲洗。如果鸡舍排水设施不完善，则应在一开始就用消毒液清洗消毒，同时对被清洗的鸡舍周围喷洒消毒药。

对鸡舍的墙壁、地面、笼具等不怕燃烧的物品消毒见图 3–4。对残存的羽毛、皮屑和粪便，可进行火焰消毒。

图 3–3　高压水枪冲洗空棚

图 3–4　对鸡舍的墙壁、地面、笼具等的消毒

鸡舍可进行熏蒸消毒。关闭鸡舍门窗和风机，保持密闭完好，按每立方米用甲醛（图 3–5）42 毫升，高锰酸钾（图 3–6）21 克，先将水倒入耐腐蚀容器（如陶瓷盘）内，加入高锰酸钾，均匀搅拌，再加入甲醛，人即离开。鸡舍密闭熏蒸 24 小时以上，如不急用，可密闭 2 周。打开鸡舍门窗，通风换气 2 天以上，等甲醛气体完全消散后再使用。

图 3-5　甲醛

图 3-6　高锰酸钾

消毒液的喷洒（图 3-7）次序应该由上而下，先房顶、天花板，后墙壁、固定设施，最后地面，不能漏掉被遮挡的部位。注意消毒药液要按规定浓度配制。鸡舍角落及物体背面，消毒药液喷洒量至少是每平方米 3 毫升。消毒后，最好空舍 2~3 周。

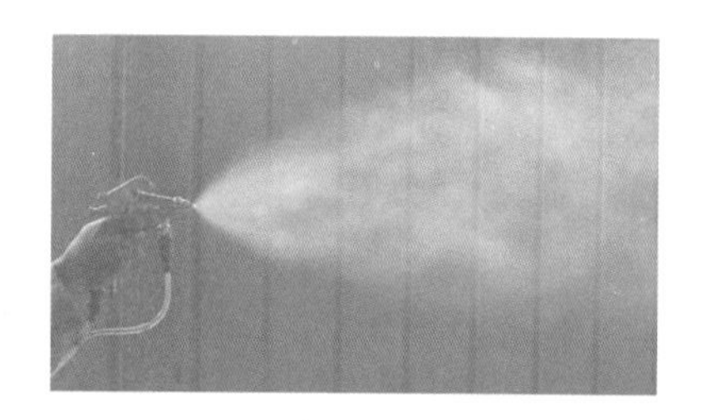

图 3-7　喷洒消毒液

（二）铺设垫料，架设或修复网架，铺设网床，安装好水槽、料槽

至少在雏鸡到场一周前在地面上铺设 5~7 厘米厚的新鲜垫料（图 3-8），以隔离雏鸡和地板，防止雏鸡直接接触地板而降低体温。

图 3-8　铺好垫料的育雏舍

图 3-9　网上铺好已消毒的饲料袋

作为鸡舍垫料，应具有良好的吸水性、疏松性，干净卫生，不含霉菌和昆虫（如甲壳虫等），不能混杂有易伤鸡的杂物，如玻璃片、钉子、刀片，铁丝等。

网上育雏时，为防止鸡爪伸入网眼造成损伤，要在网床上铺设育雏垫纸、报纸或干净并已消毒的饲料袋（图 3–9）。

这些装运垫料的饲料袋子（图 3–10），可能进过许多鸡场，有很大的潜在的传染性，不能掉以轻心，绝对不能进入生产区内。

图 3–10　装运塑料的饲料袋子

雏鸡进舍前 1 周，搭建或修复好网架，铺设网床（图 3–11 和图 3–12）。

图 3–11　用铁丝做网床支架

图 3–12　网床搭建

表3–1　育雏期最少需要的饲养面积或长度（0~4 周龄）

饲养面积：	
垫料平养	11 只 / 米 ^{2}
采食位：	
（链式）料槽	5 厘米 / 只
圆形料桶（42 厘米）	8~12 只 / 桶
圆形料盘（33 厘米）	30 只 / 盘

（续表）

饲养面积：	
垫料平养	11只/米^2
饮水位：	
水槽	2.5厘米/只
乳头饮水器	8~10只/个
钟形饮水器	1.25~1.5厘米/只

正确计算肉鸡的饲养密度（表3-1）及育雏所必需的设备数量（图3-13），安装、调试好水线、料线。

图3-13 正确计算育雏所需设备

（三）正确设置育雏围栏（隔栏）

肉鸡的隔栏饲养法（图3-14、图3-15）好处较多，主要表现在以下几方面。

图3-14 做好隔栏

图3-15 雏鸡在隔栏内饲养

① 一旦鸡群状况不好，便于诊断和分群单独用药，减少用药应激。

② 控制鸡群过大的活动量，促进增重。

③ 便于观察区域性鸡群是否有异常现象，利于淘汰残、弱雏。

④ 当有大的应激出现时（如噪声、喷雾、断电等），可减少由应

激所造成的不必要损失。

⑤ 接种疫苗时，隔栏可防止人为造成鸡雏扎堆、热死、压死等现象发生。

⑥ 做隔栏的原料可用尼龙网或废弃塑料网，高度 30~50 厘米（与边网同高），每 500~600 只鸡设一个隔栏。

⑦ 有利于提高鸡产品质量。可避免出栏抓鸡时，鸡的大面积扎堆、互相碰撞所造成的鸡肉出血、瘀血现象发生。另外，还能避免出栏抓鸡时，鸡过于集中，使网架坍塌压死鸡现象，减少损失。

若使用电热式育雏伞（图 3–16），围栏直径应为 3~4 米；若使用红外线燃气育雏伞，围栏直径应为 5~6 米。用硬卡纸板或金属制成的坚固围栏可较好地保护雏鸡不受贼风侵袭，使雏鸡围护在保温伞、饲喂器和饮水器的区域内（图 3–17）。

图 3–16　电热式育雏伞

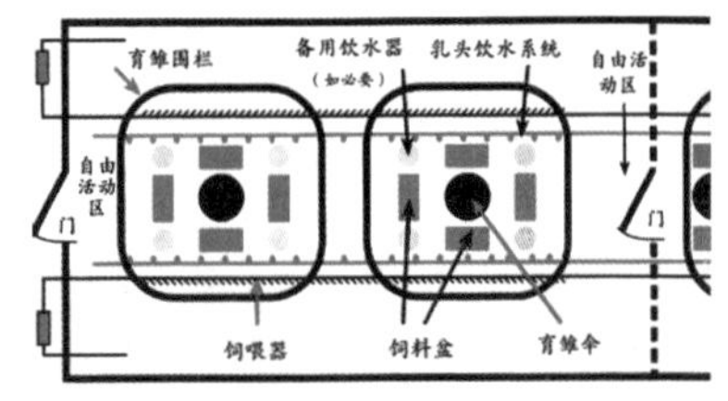

图 3–17　育雏伞育雏示意图

（四）鸡舍的预温

雏鸡入舍前，必须提前预温，把鸡舍温度升高到合适的水平，对雏鸡早期的成活率至关重要。提前预温还有利于排除残余的甲醛气和潮气。育雏舍地表温度可用红外线测温仪测定（图 3–18 和图 3–19）。

建议冬季育雏时，鸡舍至少提前 3 天（72 小时）预温；夏季，至少提前一天（24 小时）。若同时使用保温伞育雏，则建议至少在雏鸡到场前 24 小时开启保温伞，并使雏鸡到场时伞下垫料温度达到 29~31℃。

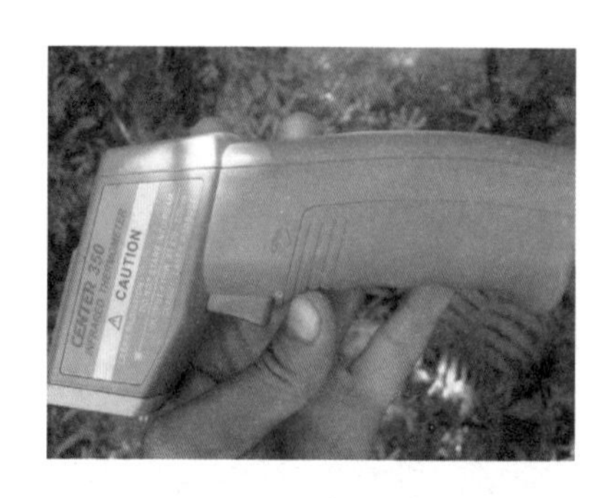

图 3-18 可用红外线测温仪测定鸡舍温度

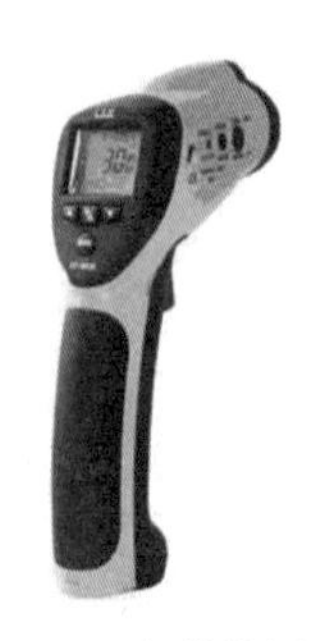

图 3-19 红外线测温仪

使用足够的育雏垫纸或直接使用报纸（图 3-20）或薄垫料隔离雏鸡与地板，有利于鸡舍地面、墙壁、垫料等在雏鸡到达前有足够的时间吸收热量，保护小鸡的脚，防止脚陷入网格而受伤（图 3-21）。

图 3-20 使用报纸堵塞网眼

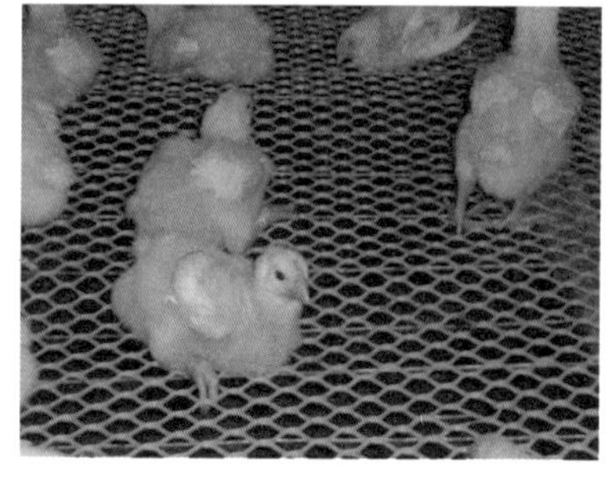

图 3-21 雏鸡脚进入网眼易损伤

（五）饮水的清洁和预温

保证雏鸡的饮水清洁至关重要。检查饮水加氯系统，确保饮水加氯消毒，开放式饮水系统应保持 3 毫克 / 千克水平，封闭式系统在系统末端的饮水器处应达到 1 毫克 / 千克水平。因为育雏舍已经预温，温度较高，因此，在雏鸡到达的前一天，将整个水线中已经注满的水更换掉（图 3-22），以便雏鸡到场时，水温可达到 25℃，且保证新鲜。

图 3-22　已铺好垫料并预温，雏鸡到达前要更换水线中的水

第二节　接雏与管理

一、1 日龄雏鸡的挑选

雏鸡从出壳到出雏器转移出来，已经历了相当多的操作，如挑拣分级（图 3-23），个体选择，选留健雏，剔除弱雏和病雏（图 3-24）；公母鉴别；有的甚至已经做过免疫接种，如对出壳后的雏鸡进行马立克氏病疫苗的免疫接种（图 3-25）。

图 3-23　雏鸡挑拣分级

图 3-24　剔除弱雏和病雏

图 3-25　雏鸡马立克氏病疫苗免疫接种

评价 1 日龄雏鸡的质量，需要检查雏鸡个体，做出判断。检查的内容见表 3-2。

表3-2　1日龄雏鸡的检查内容

雏鸡个体的检查内容	健康雏鸡（A 雏）	弱雏（B 雏）
反射能力	把雏鸡放倒，它可以在 3 秒内站起来	雏鸡疲惫，3 秒后才可能站起来
眼睛	清澈，睁眼，有光泽	眼睛紧闭，迟钝
肚脐	脐部愈合良好，干净	脐部不平整，有卵黄残留物，脐部愈合不良，羽毛上沾有蛋清
脚	颜色正常，不肿胀	跗关节发红、肿胀，跗关节和脚趾变形
喙	喙部干净，鼻孔闭合	喙部发红，鼻孔较脏、变形
卵黄囊	胃柔软，有伸展性	胃部坚硬，皮肤紧绷
绒毛	绒毛干燥有光泽	绒毛湿润且发黏
整齐度	全部雏鸡大小一致	超过 20% 的雏鸡体重高于或低于平均值
体温	40~40.8℃，雏鸡到达后 2~3 个小时内体温应为 40℃	体温过高，高于 41.1℃；体温过低，低于 38℃

健康的雏鸡应该在3秒内站立起来，即使是把雏鸡放倒，它也会在3秒内自行站立（图3-26）。

健康的雏鸡两眼清澈（图3-27），炯炯有神；喙部干净，鼻孔闭合；绒毛干燥有光泽（图3-28）；大小一致，均匀度好；脐部愈合良好，干净无污染；脚部颜色正常，无肿胀。

图3-26　健康雏鸡可在3秒内站立起来

图3-27　健康雏鸡两眼清澈有神

图3-28　健康雏鸡绒毛干燥有光泽

检查脐部（图3-29），看是否有闭合不良的情况，如由卵黄囊未完全吸收，造成脐部无法完全闭合。脐部闭合不良的雏鸡发生感染的风险较高，死亡率也高。须留意接到的雏鸡中脐部闭合不良的比例，及时与孵化场进行沟通。若无堵塞物，脐部随后还可闭合。

图3-29　雏鸡脐部检查

雏鸡肛门上有深灰色水泥样凝块（图 3-30），通常由严重的细菌如沙门氏菌感染或是肾脏机能失调造成，应该立即淘汰。腹膜炎会影响肠道蠕动，造成尿失禁。一旦干燥，就会形成水泥样包裹，通常在应激时发生。雏鸡肛门上有深灰色铅笔样形状糊肛（图 3-31），还没有太坏的影响。

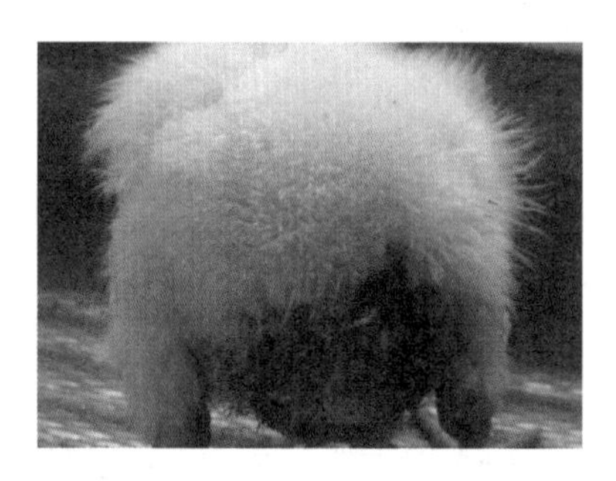

图 3-30　雏鸡肛门上有深灰色水泥样凝块

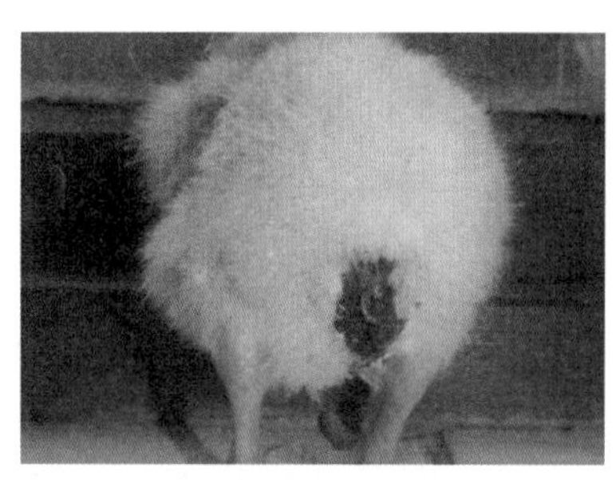

图 3-31　雏鸡肛门上有深灰色铅笔样形状糊肛

雏鸡出壳后 1 小时即可运输。一般在雏鸡绒毛干燥可以站立至出壳后 36 小时前这段时间为佳，最好不要超过 48 小时，以保证雏鸡按时开食、饮水。挑选好的雏鸡，用专用运雏箱（图 3-32）盛装，每个箱子中分四个小格，每格放 20~25 只雏鸡。也可用专用塑料筐。

图 3-32　雏鸡专用运雏箱

夏季运输尽量避开白天高温时段。运输前要对运雏车辆、运雏箱、工具等进行消毒，并将车厢内温度调至 28℃左右。在运输过程中尽量使雏鸡处于黑暗状态，从而减少途中雏鸡活动量，降低因相互挤压等造成的损伤。车辆运行要平稳，尽量避免颠簸、急刹车、急转弯，30 分钟左右开灯观察 1 次雏鸡的表现，出现问题要及时处理。

将运雏箱装入车中，箱间要留有间隙，码放整齐（图 3-33），防止运雏箱滑动。

运雏车到场后，应迅速将雏鸡从运雏车内移出。雏鸡盒放到鸡舍后，不能码放，要平摊在地上（图 3-34），同时要随手去掉雏鸡盒盖，并在半小时内将雏鸡从盒内倒出，散布均匀。根据育雏伞育雏规模，将正确数量的雏鸡放入育雏围栏内。空雏鸡盒应搬出鸡舍并销毁。

图 3-33　车箱内码放运雏箱

图 3-34　雏鸡盒放到鸡舍后要平摊在地上

有的客户在接到雏鸡后要检查质量和数量，一定要先把雏鸡盒卸下车，并摊开放置，再指派专人去查。不能在车内抽查或在鸡舍内全群检查，这样往往会造成热应激（或冷应激）而得不偿失。

二、入舍与管理

1 日龄雏鸡的正常行为

行为是一切自然演变的重要表达。每隔数小时就应该检查鸡的行为，不止是在白天，夜间也同样需要。

① 鸡群均匀地分布在鸡舍内各个区域，说明温度和通风设置的操作正确。

② 鸡群扎堆在某个区域，行动迟缓，看上去很茫然，说明温度

过低。

③ 鸡总是避免通过某个区域，说明那里有贼风。

④ 鸡打开翅膀趴在地上，看上去在喘气并发出唧唧声，说明温度或是二氧化碳浓度过高。

（一）低温接雏

图 3-35　雏鸡在新环境内自由觅食

雏鸡经过长时间的路途运输，饥饿、口渴、身体条件较为虚弱。为了使雏鸡能够迅速适应新环境，恢复正常的生理状态，我们可以在育雏温度的基础上稍微降低温度，使育雏围栏内的温度保持在 27~29℃，这样，能够让雏鸡逐步适应新环境（图 3-35），为以后正常生长打下基础。

雏鸡到达育雏舍后，需要适应新环境，此时雏鸡分布不均匀（图 3-36），但 4~6 小时后，雏鸡应该开始在鸡舍内逐渐散开（图

图 3-36　刚进入育雏舍分布不均

图 3-37　4 小时后开始散开

3-37），并开始自由饮水、采食、走动，24小时后在鸡舍内均匀散开（图3-38）。

图3-38　24小时后均匀散开

（二）适宜的育雏温度

雏鸡入舍24小时后，如果仍然扎堆，可能是由于鸡舍内温度太低。当鸡舍内温度太低时，若未加热垫料和空气温度，将影响鸡的发育和鸡群整齐度。雏鸡扎堆会使温度过高，雏鸡一到达育雏舍后就应该立即将其散开，同时保持适宜的温度并调暗光照。

1. 学会看鸡施温

温度是否合适，不能由饲养员自身的舒适与否来判断，也不能只参照温度计，应该观察雏鸡个体的表现。温度适宜时，雏鸡均匀地散在育雏室内，精神活泼、食欲良好、饮水适度。

图3-39　温度偏高的个体反应：张口呼吸，翅膀张开

图3-39中，温度偏高，雏鸡张口呼吸，翅膀张开；图3-40中，温度比较适宜，你会发现鸡群分布均匀，吃料有序，有卧有活动的，卧式也比较舒服；图3-41中，温度偏高，鸡群躲在围栏边缘处，但卧式也较好，表示温

图3-40　鸡群分布均匀，吃料有序，卧式也比较舒服

图3-41　温度明显偏高，鸡群躲在围栏边缘处

图 3-42　温度过高，雏鸡张口呼吸　　图 3-43　温度过高，雏鸡翅膀张开

度略偏高，鸡群也能适应，这只表示鸡群想远离热源。若温度再高，就出现图 3-42 和图 3-43 中的现象，鸡群不再静卧，会出现张口呼吸、翅膀下垂等情况。

2. 不同育雏法的温度管理

（1）温差育雏法　就是采用育雏伞作为育雏区域的热源进行育雏。前 3 天，在育雏伞下保持 35℃，此时育雏伞边缘有 30~31℃，而育雏舍其他区域 25~27℃即可。这样，雏鸡可根据自己的需要，在不同温层下进进出出，有利于刺激其羽毛生长，将来脱温后雏鸡将会强壮且好养。

随着雏鸡的长大，育雏伞边缘的温度应每 3~4 天降 1℃左右，直到 3 周龄，基本降到与育雏舍其他区域的温度相同（22~23℃）即可。此后，可以停用育雏伞。

雏鸡的行为和鸣叫声表明鸡只舒适的程度。如果育雏期内雏鸡过于喧闹，说明鸡只不舒服。最常见的原因是温度不太适宜。

育雏伞下温度是否合适，可通过观察雏鸡的分布情况来判断（图 3-44）。

受冷应激时，雏鸡会堆挤在育雏伞下，如育雏伞下温度太低，雏鸡就会堆挤在墙边或鸡舍支柱周围，或乱挤在饲料盘内，肠道和盲肠内物质呈水

图 3-44　育雏伞下育雏时温度变化与雏鸡表现

状和气态，排泄的粪便较稀且出现糊肛现象。育雏前几天，因育雏温度不够而受凉，会导致雏鸡死亡率升高、生长速率降低（体重最低要超过 20%）、均匀度差、应激大、脱水以及较易发生腹水症的后果。

热应激时，雏鸡会俯卧在地上并伸出头颈张嘴喘气；会寻求舍内较凉爽、贼风较大的地方，特别是远离热源沿墙边的地方；会拥挤在饮水器周围，使全身湿透，饮水量会增加。嗉囊和肠道会由于过多的水分而膨胀。脱水可导致死亡率高，出现矮小综合征和鸡群均匀度差；饲料消耗量降低，导致生长速率和均匀度差；最严重的情况下，由于心血管衰竭（猝死症）而死亡率较高。

（2）整舍取暖育雏法　与温差育雏法（也叫局域加热育雏法）不同的是，整舍取暖育雏法采用锅炉作为热源，在舍内通过暖气片（或热风机）散热供暖，或者采用热风炉作为热源供暖。因此，整舍取暖育雏法也叫中央供暖育雏法。

由于不使用育雏伞，鸡舍内不同区域没有明显的温差，所以利用雏鸡的行为作温度指示有点困难。雏鸡的叫声就成了雏鸡不适的仅有指标。只要给予机会，雏鸡愿意集合在温度最适合的地方，观察雏鸡的行为时要特别小心。雏鸡可能集中在鸡舍内的某个地方，显示出成堆集中的现象，但别以为这就是因为鸡舍内温度过低的缘故，有时候，这也可能是因为鸡舍其他地方太热了。一般来说，如果雏鸡均匀分散，就表明温度比较理想（图 3-45）。

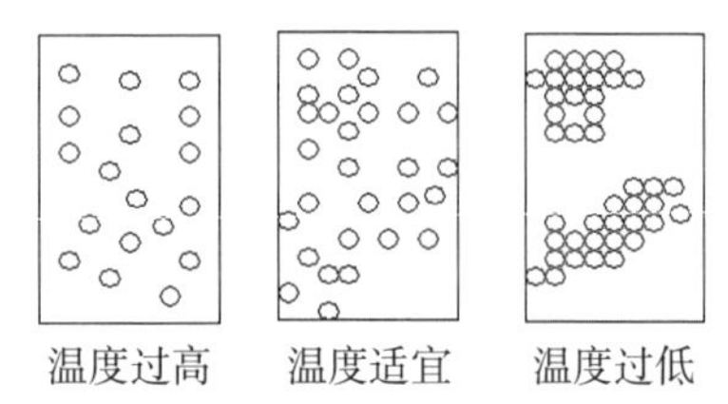

图 3-45　整舍取暖育雏法育雏温度的观察

采用整舍取暖育雏时，前 3 天，在育雏区内，雏鸡高度的温度应保持在 29~31℃。温度计（或感应计）应放在离地面 6~8 厘米的位置，这样才能真实反映雏鸡所能感受的真实温度。以后，随着雏鸡的长大，在雏鸡高度的温度应每 3~4 天降 1℃左右，直到 3 周龄后，基本降到 21~22℃。

以上两种育雏法的育雏温度可参考表 3-3 执行。

表3-3　不同育雏法育雏温度参考值

整舍取暖育雏法		温差育雏法		
日龄	鸡舍温度（℃）	日龄	育雏伞边缘温度（℃）	鸡舍温度（℃）
1	29	1	30	25
3	28	3	29	24
6	27	6	28	23
9	26	9	27	23
12	25	12	26	23
15	24	15	25	22
18	23	18	24	22
21	22	21	23	22

（三）确保适当的相对湿度

雏鸡进入育雏舍后，必须保持适当的相对湿度，最少55%。不同湿度下需达到对应的温度（表3-4）。寒冷季节，当需要额外的加热，假如有必要，可以安装加热喷头，或者在走道泼洒些水，效果较好（图3-46）。

图3-46　在走道里洒水提高湿度

表3-4　在不同的相对湿度下达到标准温度所对应的干球温度

日龄（天）	目标温度（℃）	相对湿度（%）	不同相对湿度下的温度（℃）理想范围			
			50%	60%	70%	80%
0	29	65~70	33.0	30.5	28.6	27.0
3	28	65~70	32.0	29.5	27.6	26.0

（续表）

日龄（天）	目标温度（℃）	相对湿度（%）	不同相对湿度下的温度（℃）理想范围			
			50%	60%	70%	80%
6	27	65~70	31.0	28.5	26.6	25.0
9	26	65~70	29.7	27.5	25.6	24.0
12	25	60~70	27.2	25.0	23.8	22.5
15	24	60~70	26.2	24.0	22.5	21.0
18	23	60~70	25.0	23.0	21.5	20.0
21	22	60~70	24.0	22.0	20.5	19.0

（四）通风

鸡舍内的气候取决于通风、加热和降温的结合，通风系统的选择还要适应外部的条件。无论通风系统简单或复杂，首先要能够被人操控。即使是全自动的通风系统，管理人员的眼、耳、鼻、皮肤的感觉也是重要的参照。

自然通风不使用风机促进空气流动。新鲜空气通过开放的进风口进入鸡舍，如可调的进风阀门、卷帘。自然通风是简单、成本低的通风方式（图 3-47）。

图 3-47　开启窗户和进风口，可以进行自然通风

即使在自然通风效果不错的地区，养殖场主们也越来越多地选择机械通风（图 3-48）。虽然硬件投资和运行费用较高，但机械通风可以更好地控制舍内环境，并带来更好的饲养结果。通过负压通风的方式，将空气从进风口拉入鸡舍。机械通风的效果取决于进风口的控制。如果鸡舍侧墙上有开放的漏洞，会影响通风系统的运行效果。

横向通风：风机将新鲜空气从鸡舍的一侧抽入鸡舍，横穿鸡舍后从另一侧排出。通风系统可以设置最小和最大的通风量。

图 3-48　机械通风

侧窗通风：进风口设置在鸡舍两侧，风机安装在鸡舍一端。该通风方式适合于常年温度变化不大的地区（如海洋性气候地区），其设备投资和运行费用均较低。

屋顶通风：风机安装在屋顶的通风管道处，进气阀均匀分布在鸡舍两边。该通风方式常用于较冷天气的少量通风。该系统少量通风时运行较好，大量通风时运行成本较高，因为需要大量的风机和通风管。

纵向通风：风机安装在鸡舍末端，进风口设置在鸡舍前端或前端

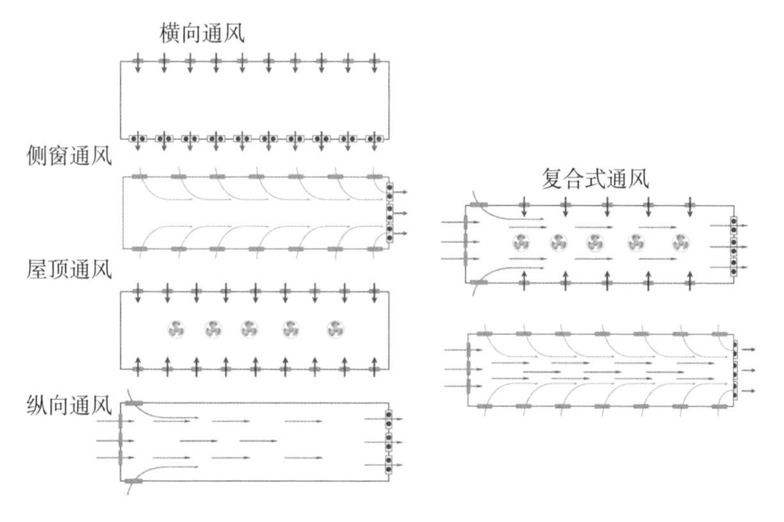

图 3-49　通风方式

两侧的一段侧墙上。空气被一端的风机吸入鸡舍，贯通鸡舍后从末端排出。纵向通风可加大空气流动速度，最大至 3.4 米 / 秒，从而给鸡群带来风冷效应。在通风量要求较大的鸡舍，通常采用纵向通风。

复合式通风：纵向通风经常与屋顶通风或侧窗通风等联合使用。屋顶和侧窗通风用于少量通风，当较大量通风时需要把这些阀门关闭且进风口打开。复合式通风将被逐渐广泛应用（图 3–49）。

要及时对通风效果进行评价（图 3–50）。对于地面平养系统，鸡群在鸡舍中的分布情况就可以说明通风的效果和质量，也可通过其他方法评估通风效果。简单的方法是裸露并沾湿双臂，站到鸡聚集数量较少的区域，感觉是否该区域有贼风，感觉一下垫料是否太凉。观察鸡舍中鸡群的分布情况，判断是否与风机、光照和进风口的设置有关系。一旦改变了光照、进风口等设备的设置，数小时后再次观察鸡群分布情况是否有改变。对于改变设置的效果，不要轻易地下否定的结论，记录改变设置的内容。图 3–50 中，右上角图片是通风效果良好的示意图。而其他示意图，是地面平养系统中，通风失败的例子。其中，左上示意图中，气候炎热的时候，需要调整遮风板，新鲜的冷空气会高速吹向鸡群。左下图，鸡群聚集在鸡舍中间，远离鸡舍两侧；遮风板关闭太严，造成通过遮风板进入鸡舍的空气十分有限，少量新鲜空气进入鸡舍后马上就消散了；调整遮风板，最少打开两个手指的空间。右侧中间图，新鲜的冷空气在鸡舍中部沉降下来，在鸡舍两侧，空气的流动速度较慢；鸡群避免停留在鸡舍中部，大多聚集在鸡舍两侧，造成两侧的垫料潮湿，质量下降；减少通风量。右下图，新鲜的冷空气沉降得太快，没有跟鸡舍内的热空气充分混合并升高温度，鸡群聚集在鸡舍中部；在鸡舍内部会形成两个条状地带没有鸡停留，这就是所谓的“斑马线

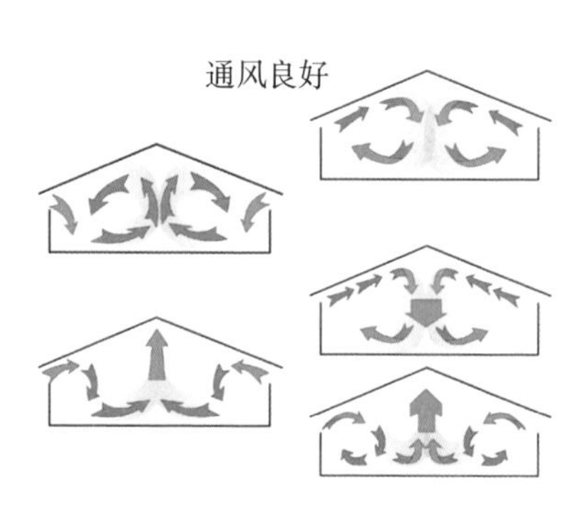

图 3–50　通风效果的评价

效应”；增加通风量。

通风量的设定不仅仅依靠温度，还需要考虑鸡舍湿度，以及鸡背高度的风速和空气中的二氧化碳浓度。如果二氧化碳浓度过高，鸡会嗜睡。如果在鸡背高度持续工作超过 5 分钟后有头痛的感觉，那么二氧化碳的浓度至少超过 3 500 毫克 / 米^3，说明通风量不够。还要注意，不能有贼风。

你是否注意过鸡舍地面的颜色？如果是暗黑色，那就是太潮湿（图 3-51），应增加通风量。同时检查这种情况是整个鸡舍都存在还是仅仅发生在某个区域。

图 3-51　鸡舍地面潮湿时呈暗黑色

图 3-52　鸡舍有贼风

图 3-52 是典型的贼风例子，雏鸡全部聚集在圆形挡板处，以躲避贼风。

自然通风的一个劣势就是，如果没有自然风，鸡舍内就没有通风可言。必要时，可以用附属的风机增加通风量。自然通风的鸡舍，通风可以影响内部气候，太高的空气流速会造成贼风，贼风可能会在鸡舍不同位置突然发生；防风林带和鸡舍外的墙，都会起到减少风的影响的作用（图 3-53），在密闭

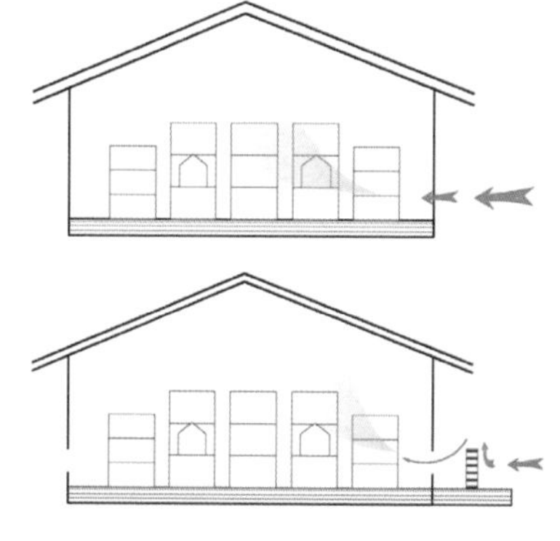

图 3-53　鸡舍外的墙可减弱贼风影响

鸡舍，防风装置可以安装在进风口前适合的位置。

确保在育雏的最初几天关闭进风口和门窗，以防止贼风。如果育雏舍的光照强度弱且自然光照时间短，可以使用舍内光照系统，适时、适当补充光照。

第三节　饮水与开食

一、饮水

图 3-54　教雏鸡学会饮水

雏鸡入舍后，要安排足够的人员教雏鸡饮水（将雏鸡的喙浸入水中，图 3-54）。因雏鸡长途运输、脱水、遇到极端温度等，第一天应在饮水中添加 3%~5% 的食糖（如多维葡萄糖），可缓解应激。食糖溶液饮用天数不能过多（一般 2~3 天），否则易出现糊肛现象。要保证使 100% 雏鸡喝到第一口水。

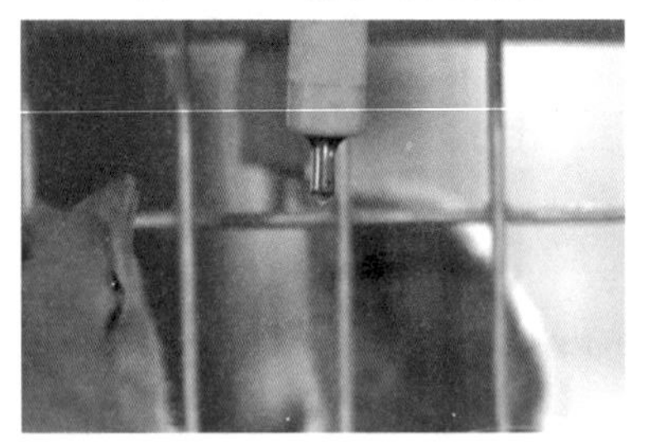

图 3-55　灯光照射后水滴反射，吸引雏鸡喝水

鸡舍灯光要明亮，让饮水器里的水或乳头悬挂的水滴反射出光线，吸引雏鸡喝水（图 3-55）。无论何时，在提供饲料之前使雏鸡饮水 1~2 小时，减少雏鸡脱水。若使用真空饮水器喂水，则要求每 4~6 小时擦洗一次饮水器。现在，饮水乳头的质量较好，不再需要滴水托盘，滴水托盘容易被污染。

饮水系统的优缺点见表 3-5。

表3–5　饮水系统的优缺点

钟式饮水器	乳头式饮水器	饮水杯
+ 容易喝到水 + 水位和悬挂高度容易调整 – 开放系统，水有时不新鲜 – 水会喷出来，弄湿垫料	+ 封闭系统，水总是新鲜 + 少量的水会喷出来 + 有较大的空间可以来回走动 – 投资成本高 – 较难控制水量分配	+ 容易喝到水 + 容易检查是否堵塞 – 投资成本高 – 污染概率大 – 空间小

抓起一把垫料，如果能看到有垫料飘落到地上，是好迹象，因为这意味着垫料干燥（图 3–56）。然而，因为乳头式饮水器漏水或向外溅水，垫料经常会微湿。如果垫料太干，这说明雏鸡饮水不足。检查饮水量，如果有必要，检查鸡舍的所有饮水乳头的出水量。

图 3–56　经常检查饮水器是否漏水

不同温度条件下饮水量与喂料量的最低比率可参考表 3–6。

表3–6　不同温度条件下饮水量与喂料量的最低比率

温度（℃）	水 / 料（毫升 / 克）	增减（%）
15	1.8	–10
21	2.0	*
27	2.7	+33
32	3.3	+67
38	4.0	+100

*21℃是常温，常温下饮水量与喂料量正常，基本无增减。

例：一个存栏 4 000 只鸡的鸡舍，每只鸡每天的采食量为 30 克，当温度为 38℃时，最低供水量为：30 克 ×4.0×4 000=480 千克水（即 480 升水）。

饮水量取决于采食量、饲料组分、鸡舍温度和日龄大小。一般来说，从10日龄开始，鸡的饮水量和饲料的比值应该在1.8~2。每天的饮水量是鸡群健康与否的重要指标，记录每天的饮水量和检查采食量，饮水量的突然增加是一个重要信号。若果饮水量增加，首先检查饮水系统是否漏水，然后检查水压、鸡舍内温度和饲料中的盐含量。如果排除上述原因，则需要检查鸡的健康状况（疾病、免疫接种的反应），同时检查这些变化是否与饲料供应及饲喂阶段的变化一致。如果鸡饮水太少，首先检查饮水系统是否正常工作，水压一定不要太低，否则水会漏出来。也不需要把水线里边的水压调得太高，因为这样鸡不得不用力去推乳头饮水器，从而导致饮水量下降。饮水太少的鸡，看上去昏昏欲睡，检查有昏睡鸡的所在区域的乳头饮水器，看它们是否正常工作，检查水的质量和饮水乳头的高度。

如果乳头式饮水器的出水量太少，鸡的饮水量就少。定期检查水压和乳头式饮水器的出水量。可以放一个容器到一个乳头式饮水器下持续1分钟，通过测定容器中的水量，来测定水流速度（图3–57）。这个工作需要在不同的水线重复进行。惯用的简单方法是：水流速度 = 鸡的日龄 +20（毫升 / 分钟）。例如，35日龄 +20=55毫升 / 分钟。太多的水将导致溢出和垫料潮湿，会减低鸡的质量和造成脚垫损伤。实验室检测饮水，检查水线是否被污染。

图3–57　检查饮水器的出水量

鸡最舒服的饮水姿势是身体站立，抬头，使水正好流进喉咙。可以通过调整饮水乳头的高度来控制。对于1周龄雏鸡，喙和饮水乳头的最佳角度是35°~45°，大于1周龄的雏鸡，喙和饮水乳头的最佳角度是75°~85°(图3–58)。

大型肉鸡场，肉鸡进舍后，去掉喷雾器的喷头，向乳头式饮水器的接水杯中加水（图3–59），确保水杯中不断水，是一种好的做法。

饮水的质量标准见表3–7。

图 3-58　鸡的饮水姿势

图 3-59　向乳头式饮水器的接水杯中加水

表3-7　饮水的质量标准

混 合 物	最大可接受水平	备注
总细菌量	100 毫升	最好为 0 毫升
大肠杆菌	50 毫升	最好为 0 毫升，超标会使肠道功能失调
硝酸盐（可以转变为亚硝酸盐）	25 毫克 / 升	3~20 毫克 / 升有可能影响生产性能，出现呼吸道问题等
亚硝酸盐	4 毫克 / 升	—
pH 值	6.8~7.5	pH 值最好不要低于 6，低于 6.3 就会影响生产性能

（续表）

混合物	最大可接受水平	备注
总硬度	180	低于 60 表明水质过软；高于 180 表明水质过硬
氯	250 毫克 / 升	如果钠离子高于 50 毫克 / 升，氯离子低于 14 毫克 / 升就会有害，如采食量下降
铜	0.06 毫克 / 升	含量高会产生苦味
铁	0.3 毫克 / 升	含量高会产生恶臭味，肠道功能失调
铅	0.02 毫克 / 升	含量高具有毒性
镁	125 毫克 / 升	含量高具有轻泻作用，如果硫水平高，镁含量高于 50 毫克 / 升则会影响生产性能
钠	50 毫克 / 升	如硫或氯水平高，钠高于 50 毫克 / 升会影响生产性能
硫	250 毫克 / 升	含量高具有轻泻作用，如果镁或氯水平高，硫含量高于 50 毫克 / 升则会影响生产性能
锌	1.50 毫克 / 升	高含量具有毒性

鸡的饮水，人尝起来也应该爽口，应不含有任何的危险物质或者杂质。抗生素等添加剂会在鸡肉中残留，从而造成食品安全问题。水是药物和疫苗的良好溶剂，当通过饮水接种疫苗时，确保水干净、清凉，水管畅通。因此，事先需要清洗水管，饮水接种疫苗完成后再彻底清洗水线以防残留。在饮水中添加抗生素或药物，水的味道变苦，因此，鸡的饮水量会减少。清洗水管，并防止微生物生长繁殖。如果怀疑饮水被污染，则应检测。在水管的起始端和末端检查水的质量和温度，通常会发现水管末端的水质不好。

一般情况下，鸡的饮水量是其采食量的 1.8~2 倍。如果温度升高超过 30℃，每天的饮水量就会增多，因为鸡要通过呼吸蒸发大量的水，从而降低因高温引起的热应激。同时，饮水量也取决于相对湿度、鸡的健康状况、采食量等。但是，热应激时需要增加 50% 的饮水量。因此，在高温环境中应确保提供足够的清凉饮水。

① 确保供水系统（水塔、架起的水桶）在阴凉处，且能较好的隔热。

② 确保水管不被暴晒。

③ 让水线末端的水流缓慢。

④ 如果温度太高，可以放部分冰块到水箱里。

图 3-60 为了获得足够的压力，水箱的位置较高，外边没有设置隔热层，阳光暴晒后，水温升高，容易导致热应激。

图 3-61 平房上的水箱外加了隔热层，避免被阳光暴晒，避免进入鸡舍的水温过高。

图 3-60　水箱位置较高

图 3-61　水箱外加了隔热层

二、开食

当雏鸡充分饮水 1~2 小时后，要及时给料。开口饲料可选择合适的破碎料，或粉料加湿成湿拌料（手握成团，松手即散的状态，图 3-62），不但利于开口，帮助消化，增加适口性，还有利于饲料全价性摄入，杜绝雏鸡挑食。第一次添料可多添一些，方便小鸡能很快吃到料，以后则应少添勤添（每天 5~6 次），这样做可刺激雏鸡的食欲。

图 3-62　湿拌料

将事先拌好的湿拌料均匀撒在铺好的饲料袋或铺好的报纸上（图 3-63 和图 3-64），最好撒向雏鸡多的地方，诱导雏鸡啄食，建立食欲。以能使雏鸡抬头能喝水、低头能吃料即可。

图 3-63　铺好饲料袋的育雏室

图 3-64　将拌好的湿拌料均匀撒在铺好的饲料袋上

图 3-65　把颗粒料直接撒在报纸上，让鸡觅食

可以直接把破碎颗粒料撒在铺网上的报纸、牛皮纸或编织袋上（图 3-65），便于雏鸡采食。养殖实践表明，网上平养垫纸法可增加采食面积，雏鸡只要在铺设的报纸上活动，随时随地都可采食到饲料，不再需要“漫无目的”寻找食物，也不必拥挤在料桶或开食盘（雏鸡刨料玩耍浪费饲料严重，且易受粪便污染）处争抢采食，增加采食饲料的机会，缩短用于寻找食物和“抢槽”的时间。

每次添料时，均应及时清理料盘里的旧料，并定期清洁料盘（图 3-66 和图 3-67）。尽量保证每圈每天的喂料量基本相同。开食 6 小时左右，即可将栏内的开食盘翻开并在内撒料，以后逐步将开食盘全部加入栏内，并不再向编织袋上撒料。10 个小时左右，将雏鸡的采食全部过渡到开食盘，并慢慢取走料袋。

图 3-66　清理料盘

图 3-67　清理料盘

依据管理人员测定情况，安排工人进行逐一摸鸡，将未饮水、没吃料的弱鸡、小鸡挑出放在残栏中单独饲养（图 3-68）。

注意残栏的特殊照顾，并且由于鸡群的群居性，不要将单个、少量的弱鸡单独饲养，避免其孤独，精神不振，是弱势群体，要特别关注。对于弱鸡，更加细致的管理无疑非常重要，足够的饲料和饮水可以帮助其渡过难关。雏鸡入舍前，必须把鸡舍温度升高到合适的水平，并使用育雏垫纸或薄垫料隔离雏鸡与地板，防止雏鸡直接接触地板而造成体温下降。1 日龄雏鸡自身没有调节体温的能力，如果不能采食足够的饲料，会造成体温下降，甚至死亡。对挑选出来的不吃料和没饮上水的雏鸡，“开小灶”单独饲养（图 3-69）。

图 3-68　挑出未饮水和没吃料的雏鸡

图 3-69　挑出来的不吃料和没饮上水的雏鸡单独饲养

如果鸡群分布均匀，开水、开食正常，可以每小时“驱赶”鸡群

图 3–70　鸡群没有扎堆现象

一次，让其自由活动，增强食欲。如果鸡群扎堆，则需随时赶鸡（图 3–70）。

开食良好的标志是：在入舍 8 小时后有 80% 的雏鸡嗉囊内有水和料，入舍 24 小时后有 95% 以上的雏鸡嗉囊丰满合适，否则以后很难生长理想。检查嗉囊时，如果手感过硬像“小石子”，表明雏鸡采食后饮水量少；如果手感过软像“水泡”，表明饮水量过大，而没有采食饲料；饮水量或采食量适宜时，嗉囊手感微软、有硬物。

三、病弱雏鸡的识别和挑选

死淘率高造成的鸡群损失往往发生在育雏的前 7 天。如果种鸡或孵化期间出现问题，雏鸡的死淘率会上升。对于此间出现的弱鸡，给予更加细致周到的管理无疑至关重要，合理的治疗、足够的饲料和饮水可以帮助病、弱鸡渡过难关。

图 3–71　歪脖、扭脖和仰头（观星），多有脑部病变

常见的弱鸡是指发育不良，歪脖、伸脖或仰头，瘸腿，扎堆的鸡（图 3–71 至图 3–73），主要原因见表 3–8。

图 3–72　伸脖多由呼吸困难造成

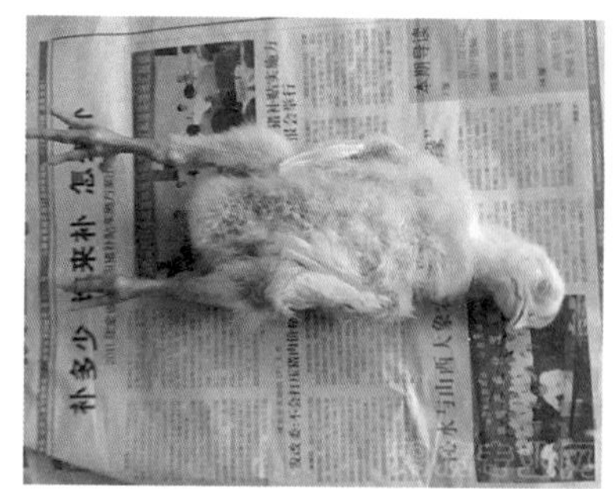

图 3–73　这种干瘪的死鸡多因肾型传支造成

表3–8　弱鸡的表现与发生的原因

弱鸡的表现	发生的常见原因
发育不良	觅食和觅水的能力差，不易找到料槽和水槽，或是放置育雏纸上的饲料消耗太快而又没能及时补充。在饲养周期内无法补救
歪脖、扭脖、伸脖和仰头	脑部炎症，可能是由于沙门氏菌感染或是感染了链球菌、肠球菌、霉菌等，多与孵化场内感染有关，伸脖多是感染了呼吸道病
瘸腿	细菌性感染，如感染沙门氏菌、链球菌、肠球菌、大肠杆菌等。这个阶段的细菌感染往往是与种蛋质量和孵化场的条件有关。之后，就根据瘸腿问题的严重性来决定养护的质量
扎堆	鸡群感觉太冷

图 3–74 这种糊肛呈浅灰色水泥样凝块，通常是因为严重的细菌（如沙门氏杆菌）感染或是肾脏功能失调所致，应该立即淘汰。腹膜炎症会影响肠道蠕动，造成尿失禁，而白色尿酸盐一旦干燥，会形成水泥样包裹，通常在应激时发生。

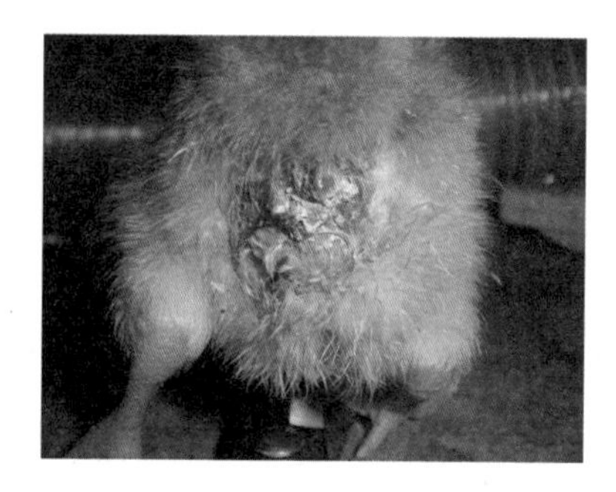

图 3–74　糊肛呈浅灰色水泥样凝块

图 3–75 这种糊肛比较轻微，没有太大的危险性，雏鸡白痢的可能性大，用敏感药物可以治愈。

图 3–75　糊肛较轻微

第4章

日粮：营养供给要充足但不浪费

第一节　肉鸡生长需要的营养

一、肉鸡的营养需求特点

肉鸡营养需求主要是肉鸡对能量、蛋白质、维生素、矿物质和微量元素等的需求。

（一）蛋白质和能量

在肉鸡生产过程中，提倡采用高蛋白高能量饲料。但过高的蛋白，高能、高脂易发生腹水症，死亡率＞10%。要按标准掌握好蛋白能量水平。一般要求粗蛋白（CP）水平：育雏阶段22%，育成20%，后期18%。代谢能（ME）水平：育雏阶段3 050千卡/千克（1千卡=4.1868千焦），育成3 150千卡/千克，后期3 200千卡/千克。能量太高会影响采食量，经济也不合算，采食不足又难以增重，因此应注意调配。

日粮能量的控制可按蛋能比调整。蛋能比=ME（千卡/千克）/CP。具体蛋能比参考数据：0~21日龄，135~140；22~34日龄，160~165；35日龄以后，175~180。

代谢能×料肉比≤6 000千卡/千克为最佳，如超过应调节代谢能或蛋白，以达到最佳经济效益。

1. 蛋白质、能量含量的比例

影响肉鸡生长和饲料效率的最大问题之一是饲料中蛋白质和能量含量及比例。饲料中能量与蛋白质的含量处于最佳配比，才能使增重最高，饲料转化率最高。如果提高饲料中的能量，则能量蛋白质比扩大，增重下降。饲料能量蛋白质比平衡会因鸡只日龄、饲粮组成、环境温度和各种应激因素变化而变化。

2. 合理的蛋白质摄取量

蛋白质是影响肉鸡增重和饲料效率最主要的养分之一，它有一个最适摄取量。超过最高肌肉生长需求量时，反而对鸡只有害。

（二）维生素

饲料中的维生素往往超量，摄取过量也安全，况且在不良环境、疾病、快速生长的紧迫下，维生素的需求量增加。因此，常饲喂较多的维生素。

（三）矿物质

矿物质饲喂不应超过鸡只需求。矿物质间存在复杂的交互作用，但目前知之甚少。过量的钙会影响机体磷、锌的吸收，且钙与蛋白质间也会交互影响，这主要是受钙、硫间作用，高钙饲粮必须提高含硫氨基酸含量。矿物质过量的最大问题还在于影响电解质或酸碱平衡。

肉鸡不同生长阶段的营养需要见表 4-1。

表4-1　肉鸡不同生长阶段的营养需要（90%干物质）

营养素	0~3 周龄	3~6 周龄	6~8 周龄
能量（兆焦 / 千克）	12.54	12.96	13.17
粗蛋白（%）	23	20	18
精氨酸（%）	1.25	1.1	1
甘氨酸 + 丝氨酸（%）	1.25	1.14	0.97
组氨酸（%）	0.35	0.32	0.27
异亮氨酸（%）	0.8	0.73	0.62
亮氨酸 + 脱氨酸（%）	1.2	1.09	0.93

（续表）

营养素	0~3 周龄	3~6 周龄	6~8 周龄
赖氨酸（%）	1.1	1	0.85
蛋氨酸（%）	0.5	0.38	0.32
蛋氨酸 + 胱氨酸（%）	0.9	0.72	0.6
苯丙氨酸（%）	0.72	0.65	0.56
苯丙氨酸 + 酪氨酸（%）	1.34	1.22	1.04
脯氨酸（%）	0.6	0.55	0.46
苏氨酸（%）	0.8	0.74	0.68
色氨酸（%）	0.2	0.18	0.16
缬氨酸（%）	0.9	0.82	0.7
亚油酸（%）	1	1	1
钙（%）	1	0.9	0.8
氯（%）	0.2	0.15	0.12
镁（毫克 / 千克）	600	600	600
非植酸磷（%）	0.45	0.35	0.3
钾（%）	0.3	0.3	0.3
钠（%）	0.2	0.15	0.12
铜（毫克 / 千克）	8	8	8
碘（毫克 / 千克）	0.35	0.35	0.35
铁（毫克 / 千克）	80	80	80
锰（毫克 / 千克）	60	60	60
硒（毫克 / 千克）	0.15	0.15	0.15
锌（毫克 / 千克）	40	40	40
维生系 A（IU）	1500	1500	1500
维生系 D_3（IU）	200	200	200
维生系 E（IU）	10	10	10
维生系 K（毫克 / 千克）	0.5	0.5	0.5
维生系 B_{12}（毫克 / 千克）	0.01	0.01	0.007
生物素（毫克 / 千克）	0.15	0.15	0.12
胆碱（毫克 / 千克）	1300	1000	750
叶酸（毫克 / 千克）	0.55	0.55	0.5

（续表）

营养素	0~3 周龄	3~6 周龄	6~8 周龄
烟酸（毫克 / 千克）	35	30	25
泛酸（毫克 / 千克）	10	10	10
吡哆醇（毫克 / 千克）	3.5	3.5	3
核黄素（毫克 / 千克）	3.6	3.6	3
硫胺素（毫克 / 千克）	1.8	1.8	1.8

注：0~3周龄、3~6周龄、6~8周龄的年龄段划分源于研究的时间顺序；肉鸡不需要粗蛋白本身，而是氨基酸；粗蛋白建议值系基于玉米–豆粕型日粮提出，添加合成氨基酸时可下调；当日粮含大量非植酸磷时，钙需要应增加或补充植酸酶。

二、肉鸡的营养标准

（一）优质鸡的饲料营养

优质鸡的营养尚没有可供参考的国家标准，多数饲料场采用育种单位并未经过认真研究的鸡种推荐标准，有些饲养户甚至使用快速肉鸡的营养标准，这些营养标准绝大多数高于优质鸡的生长需求，因而影响其饲料报酬。优质鸡不同鸡种的差异较大，标准难以统一；满足优质鸡的营养需要是既充分发挥鸡种生长潜力，又提高饲料经济报酬的首要条件。在实际生产中应以鸡种推荐的营养需要标准为基础，以提高饲料经济报酬目标，适当降低营养标准。此外，还要注意饲料的多样化，改善鸡肉品质。

（二）优质鸡的参考营养标准

为了合理的饲养鸡群，既要充分发挥它们的生产能力，又不浪费饲料，必须对各种营养物质的需要量规定一个大致标准，以便在饲养实践中有所遵循，这个标准就是营养标准。而作为优质肉用鸡，在营养需要方面有其特殊性。

1. 优质鸡的营养标准

优质鸡的生长速度不求快、生长期长，对饲料中的营养要求相对来说会低一些，下面列出其粗蛋白质、代谢能、钙、磷等主要营养需要，其他营养需要参照肉仔鸡标准可适当减少。

（1）优质种鸡参考营养标准　见表 4–2。

表4–2　优质种鸡参考营养标准

项　目	后备鸡阶段（周龄）		产蛋期（周龄）	
	0~5	6~14	15~19	20 以上
代谢能（兆焦 / 千克）	11.72	11.3	10.88	11.30
粗蛋白质（%）	20.0	15	14	15.5
蛋能比（克 / 兆焦）	–	17	13	14
钙（%）	0.90	0.60	0.60	3.25
总磷（%）	0.65	0.50	0.50	0.60
有效磷（%）	0.50	0.40	0.40	0.40
食盐（%）	0.35	0.35	0.35	0.35

（2）优质肉鸡参考营养标准　见表 4–3。

表4–3　优质肉鸡参考营养标准

项　目	周龄			
	0~5	6~10	11	11 周后
代谢能（兆焦 / 千克）	11.72	11.72	12.55	13.39~13.81
粗蛋白质（%）	20.0	17.0~18.0	16.0	16
蛋能比（克 / 兆焦）	17	16	13	13
钙（%）	0.9	0.8	0.8	0.7
总磷（%）	0.65	0.60	0.60	0.55
有效磷（%）	0.50	0.40	0.40	0.40
食盐（%）	0.35	0.35	0.35	0.35

以上标准主要针对地方特有品种。

2. 快大型鸡营养标准

中速、快大型鸡含有部分肉用仔鸡血缘，生长性能介于肉用仔鸡和地方品种之间，13 周龄体重为 1.60~2.0 千克；成年母鸡的体重和

繁殖性能比较接近肉用仔鸡品种，所以这两个类型的鸡的营养标准可根据这些生理特点而确定。

（1）中速、快大型种鸡营养标准　见表 4-4。

表4-4　中速、快大型种鸡营养标准

项　目	后备级阶段（周龄）		产蛋期（周龄）	
	0~5	6~14	15~22	23 以上
代谢能（兆焦 / 千克）	12.13	11.72	11.3	11.30
粗蛋白质（%）	20.0	16.0	15.0	17.0
蛋能比（克 / 兆焦）	16.5	14.0	13.0	15.0
钙（%）	0.90	0.75	0.60	3.25
总磷（%）	0.75	0.60	0.50	0.70
有效磷（%）	0.50	0.50	0.40	0.45
食盐（%）	0.37	0.37	0.37	0.37

（2）中速、快大型商品肉鸡营养标准　见表 4-5。

表4-5　中速、快大型商品肉鸡营养标准

项　目	0~1 周龄	2~5 周龄	6~9 周龄	10~13 周龄
代谢能（兆焦 / 千克）	12.55	11.72~12.13	13.81	13.39
粗蛋白质（%）	20.0	18.0	16	23.0
蛋能比（克 / 兆焦）	16.0	15.0	11.5	17.0
钙（%）	0.9~1.1	0.9~1.1	0.75~0.9	0.9
总磷（%）	0.75	0.65~0.7	0.60	0.7
有效磷（%）	0.55~0.60	0.5	0.45	0.55
食盐（%）	0.37	0.37	0.37	0.37

3. 应用本标准推荐的营养需要时应注意的问题及影响营养需要的因素

凡饲养标准或营养需要的制定都均以一定的条件为基础，有其适用范围，故在应用本推荐营养需要时应注意如下事情。

（1）所列指标以全舍饲养为主　如果大运动场放养时可适当

调整。

（2）以上标准最少应满足以下指标 代谢能、粗蛋白质、蛋白能量比、钙、磷、食盐、蛋氨酸（或蛋氨酸和胱氨酸）、赖氨酸和色氨酸。

（3）表中所列营养需要量还受下列因素的影响

① 遗传因素。鸡的不同种类以及不同品种、不同性别、不同年龄对营养需要都有变化，特别是对蛋白质的要求。因此，应根据饲养的具体鸡种，适当调整。

② 环境因素。在环境诸因素中，温度对营养需要影响最大。首先是影响采食量，为了保证鸡每天能采食到足够的能量、蛋白质及其他养分，应根据实际气温调整饲粮的营养含量。

③ 疾病以及其他应激因素。发生疾病或转群、断喙、疫苗注射、长途运输等，通常维生素的消耗量比较大，应酌情增加。

第二节 肉鸡常用饲料

鸡的饲料种类繁多，根据营养物质含量的特点，大致可分为能量饲料、蛋白质饲料、维生素饲料、矿物质饲料和饲料添加剂等。

一、能量饲料

这类饲料富含淀粉、糖类和纤维素，包括谷实类、糠麸类、块根、块茎和瓜类，以及油、糖蜜等，是肉鸡饲料主要成分，用量占日粮的60%左右。此类饲料的粗蛋白质含量不超过20%，一般不超过15%，粗纤维低于18%，所以仅靠这种饲料喂鸡不能满足肉鸡的需要。

（一）谷实类

谷实类饲料的缺点是：蛋白质和必需氨基酸含量不足，粗蛋白质含量一般为8%~14%，特别是赖氨酸、蛋氨酸和色氨酸含量少。钙

含量一般低于 0.1%，磷可达 0.314%~0.45%，缺乏维生素 A 和维生素 D。

1. 玉米

含代谢能 12.55~14.10 兆焦 / 千克，粗蛋白质 8.0%~8.7%，粗脂肪 3.3%~3.6%，无氮浸出物 70.7%~71.2%，粗纤维 1.6%~2.0%，适口性好，易消化。黄玉米一般每千克含维生素 A 3200~4800 国际单位，白玉米仅为黄玉米含量的 1/10。黄玉米还富含叶黄素，是蛋黄和皮肤、爪、喙黄色的良好来源。玉米的缺点是蛋白质含量低，且品质较差，色氨酸（0.07%）和赖氨酸（0.24%）含量不足，钙（0.02%）、磷（0.27%）和 B 族维生素（维生素 B_1 除外）含量亦少。玉米油中含亚油酸丰富。玉米胚大，收获期正处在气温高、多雨水的季节，易被虫蛀（图 4–1）。因此，玉米容易感染黄曲霉菌（图 4–2）而影响饲用，贮存时水分应 <13%。在鸡日粮中，玉米可占 50%~70%。

图 4–1　虫蛀的玉米

图 4–2　霉变的玉米

2. 小麦

能量约为玉米的 90%，约 12.89 兆焦 / 千克，蛋白质多，氨基酸比例比其他谷类完善，B 族维生素较丰富。适口性好，易消化，可作为鸡的主要能量饲料，一般可占日粮的 30%。但因小麦中不含类胡萝卜素，如对鸡的皮肤和蛋黄颜色有特别要求时，适当予以补充。当日粮含小麦 50% 以上时，鸡易患脂肪肝综合征，须考虑补充生物素。

3. 大麦

碳水化合物含量稍低于玉米，蛋白质约 12%，稍高于玉米，品质也较好，赖氨酸含量高（0.44%）。适口性稍差于玉米和小麦，较高粱好，但如粉碎过细、用量太多，因其黏滞，鸡不爱吃。粗纤维含量较多，烟酸含量丰富，用量以 10%~20% 为宜。

（二）糠麸类

1. 麦麸

小麦麸（图 4-3）蛋白质、锰和 B 族维生素含量多，适口性强，为鸡最常用的辅助饲料。但能量低，代谢能约为 6.53 兆焦 / 千克，粗蛋白质约 14.7%，粗脂肪 3.9%，无氮浸出物 53.6%~71.2%，粗纤维 8.9%，灰分 4.9%，钙 0.11%，磷 0.92%，但其中植酸磷含量（0.68%）高，含有效磷 0.24%。麦麸纤维含量高，容积大，属于低热能饲料，不宜用量过多，一般可占日粮的 3%~15%。有轻泻作用。

图 4-3　小麦麸皮

2. 米糠

含脂肪、纤维较多，富含 B 族维生素，用量太多易引起消化不良，常作辅助饲料，一般可占种鸡日粮的 5%~10%。

（三）油脂

动物脂肪和油脂是含能量较高的能量饲料，动物油脂代谢能为 32.2 兆焦 / 千克，植物油 36.8 兆焦 / 千克，适合于配合高能日粮。在饲料中添加动、植物油脂可提高生产性能和饲料利用率。肉用仔鸡日粮中一般可添加 5%~10%。

二、蛋白质饲料

凡饲料干物质中粗蛋白质含量超过20%，粗纤维低于18%的饲料均属蛋白质饲料。根据来源不同，分为植物性和动物性蛋白质饲料两大类。

（一）植物性蛋白质饲料

包括豆科籽实及其加工副产品。

1. 豆饼、豆粕和膨化大豆粉

大豆经压榨去油后的产品通称“饼”，用溶剂提油后的产品通称“粕”（图4–4），它们是饼粕类饲料中最富营养的饲料，蛋白质含量42%~46%。大豆饼（粕）含赖氨酸高，味道芳香，适口性好，营养价值高，一般用量占日粮的10%~30%。大豆饼（粕）的氨基酸组成接近动物性蛋白质饲料，但蛋氨酸、胱氨酸含量相对不足，故以玉米–豆饼（粕）为基础的日粮通常需要添加蛋氨酸。但是，如果日粮中大豆饼（粕）含量过多，可能会引起雏鸡粪便黏着肛门的现象，还会导致鸡的爪垫炎。加热处理不足的大豆饼含有抗胰蛋白酶因子、尿素酶、血球凝集素、皂素等多种抗营养因子或有毒因子，鸡食入后蛋白质利用率降低，生长减慢，产蛋量下降。

图4–4　大豆粕

图4–5　膨化大豆粉

膨化大豆粉（图4–5）是将整粒大豆磨碎，调质机内注入蒸汽以提高水分和温度，通过挤压机的螺旋轴，经由螺旋、摩擦产生高温、高压，再由较尖的出口小孔喷出，大豆在挤压机内受到短时间热压处理。挤出后再干燥冷却即得成品。膨化大豆粉具有高能量、高蛋白、高消化率的特性，并含有丰富的维生素 E 和卵磷脂，是配制高能量高蛋白饲料的最佳原料。据测定，膨化大豆粉的氨基酸消化率都在 90% 以上。

2. 花生饼粕

营养价值仅次于豆饼，适口性优于豆饼，含蛋白质 38%，甚至 44%~47%，含精氨酸、组氨酸较多。配料时可以和鱼粉、豆饼一起使用，或添加赖氨酸和蛋氨酸。花生饼（图 4-6）易感染黄曲霉毒素，使鸡中毒，贮藏时切忌发霉，一般用量可占日粮的 15%~20%。

图 4-6　花生饼

3. 菜籽饼粕

蛋白质含量 34%，粗纤维 11%。含有一定芥子苷（含硫苷）毒素，具辛辣味，适口性较差，产蛋鸡饮料中用量不超过 10%，后备鸡 5%~10%，经脱毒处理可增加用量。

4. 棉仁饼粕

蛋白质含量丰富，可达 32%~42%，氨基酸、微量元素含量丰富、全面，含代谢能较低。粗纤维含量较高，约 10%，高者达 18%。棉仁饼粕含游离棉酚和棉酚色素，易导致蓄积性中毒或缺铁，要处理后应用，并控制用量。

（二）动物性蛋白质饲料

1. 鱼粉

鱼粉是养鸡最佳的蛋白质饲料，营养价值高，必需氨基酸含量全面，特别是富含植物性蛋白质饲料缺乏的蛋氨酸、赖氨酸、色氨酸，

并含有大量B族维生素和丰富的钙、磷、锰、铁、锌、碘等矿物质，还含有硒和促生长未知因子。一般用量占日粮的2%~8%。饲喂鱼粉可使鸡发生肌胃糜烂，特别是加工错误或贮存中发生过自燃的鱼粉中含有较多的“肌胃糜烂因子”。鱼粉还会使鸡肉出现不良气味。鱼粉应贮存在通风和干燥的地方，否则容易生虫或腐败而引起中毒。

2. 肉骨粉

肉骨粉是屠宰场或病死畜尸体等经高温、高压处理后脱脂干燥制成。营养价值取决于所用原料，饲喂价值比鱼粉稍差，含蛋白质50%左右，含脂肪较高。最好与植物蛋白质饲料混合使用，雏鸡日粮用量不要超5%。易变质腐败，喂前应注意检查。

三、矿物质饲料

（一）含钙饲料

贝壳、石灰石、蛋壳均为钙的主要来源，其中贝壳最好，含钙多，易被鸡吸收，饲料中的贝壳最好有一部分碎块。石灰石含钙也很高，价格便宜，但有苦味，注意镁的含量不得过高（不超过0.5%），还要注意铅、砷、氟的含量符合饲料卫生标准。蛋壳经过清洗煮沸和粉碎之后，也是较好的钙质饲料。这3种矿物质饲料用量，雏鸡料中1%左右，产蛋鸡日粮5%~8%。此外，石膏（硫酸钙）也可作钙、硫元素的补充饲料，但不宜多喂。

（二）富磷饲料

骨粉、磷酸钙、磷酸氢钙是优质的磷、钙补充饲料。骨粉是动物骨骼经高温、高压、脱脂、脱胶、碾碎而成。因加工方法不同，品质差异较大，选用时应注意磷含量和防止腐败。一般以蒸制的脱胶骨粉质量较好，钙、磷含量可分别达30%和14.5%，磷酸钙等磷酸盐中含有氟和砷等杂质，未经处理不宜使用。骨粉用量一般占日粮1%~2.5%，磷酸盐一般占1%~1.5%，磷矿石一般含氟量高并含其他杂质，应做脱氟处理。饲用磷矿石含氟量一般不宜超过0.04%。

（三）食盐

食盐为钠和氯的来源，雏鸡日粮用量0.25%~0.3%，成鸡0.3%~0.4%，如日粮中含有咸鱼粉或饮水中含盐量高时，应弄清含盐量，在配合饲料中减少食盐用量或不加。

（四）其他

沙砾有助于肌胃的研磨力，笼养和舍饲鸡一般应补给。

四、氨基酸

（一）DL- 蛋氨酸

是有旋光性的化合物，分为D型和L型。在鸡体内，L型易被肠壁吸收。D型要经酶转化成L型后才能参与蛋白质的合成，工业合成的产品是L型和D型混合外消旋化合物，是白色片状或粉末状晶体，具有弱的含硫化合物的特殊气味，易溶于水、稀酸和稀碱，微溶于乙醇，不溶于乙醚。其1%水溶液的pH值为5.6~6.1。

（二）L- 赖氨酸盐

L- 赖氨酸化学名称是L-2，6- 二氨基乙酸，白色结晶。因需要量高，许多饲料原料中含量又较少，故赖氨酸常常是第一或第二限制性必需氨基酸。谷类饲料中赖氨酸含量不高，豆类饲料中虽然含量高，但作为鸡饲料原料的大豆饼（粕）均是加工后的副产品，赖氨酸遇热或长期贮存时会降低活性。鱼粉等动物性饲料中赖氨酸虽多，但也有类似失活的问题。因而在饲料中可被利用的赖氨酸只有化学分析数值的80%左右。在赖氨酸的营养上尚存在与精氨酸的拮抗作用。肉用仔鸡的饲料中常添加赖氨酸使之有较高的含量，这易造成精氨酸的利用率降低，故要同时补足精氨酸。

其他作为饲料中用的维生素、微量元素预混剂、饲用抗病药物、饲料改善剂，因市场上有很多成品出售，养鸡场可参考具体产品的使用说明了解其性质，以便配料时购买使用。

第三节 肉鸡的日粮配合

一、肉鸡日粮的设计方法

一般养殖户可用试差法、四边形法等手算方法计算所需配方。手算配方速度较慢，随着计算机的普及应用，利用计算机进行线性规划，使这一过程大大加快，配方成本更低。这里仅介绍试差法。

这种饲料配方计算方法仍是目前国内较普遍采用的方法之一，又称凑数法。其优点是可以考虑多种原料和多个营养指标。具体做法是：首先根据经验初步拟出各种饲料原料的大致比例，然后用各自的比例去乘以原料所含养分的百分含量，再将各种原料的同种养分之积相加，即得到该配方的每种养分的总量。将所得结果与饲养标准进行对照，若有任一养分超过或不足时，可通过增加或减少相应的原料比例进行调整和重新计算，直至所有的营养指标都基本满足要求为止。调整的顺序为能量、蛋白、磷（有效磷）、钙、蛋氨酸、赖氨酸、食盐等。这种方法简单易学、学会后就可以逐步深入，掌握各种配料技术，因而广为利用。

第一步：找到所需资料。肉鸡饲养标准、中国饲料成分及营养价值表（最近修订版，中国饲料数据库）、各种饲料原料的价格。

第二步：查饲养标准。

第三步：根据饲料成分表查出所用各种饲料的养分含量。

第四步：按能量和蛋白质的需求量初拟配方。根据饲养工作实践经验或参考其他配方，初步拟定日粮中各种饲料的比例。肉仔鸡饲粮中各类饲料的比例一般为：能量饲料 60%~70%，蛋白质饲料 25%~35%，矿物质饲料等 2%~3%（其中维生素和微量元素预混料一般各为 0.1%~0.5%）。据此，先拟定蛋白质饲料用量，棉仁饼适口性差，含有毒物质，日粮中用量要限制，一般定为5%；鱼粉价格昂贵，可定为3%，豆粕可拟定20%；矿物质饲料等按2%；能量饲料如麸皮为10%、玉米60%。

第五步：调整配方，使能量和粗蛋白质符合饲养标准规定量。方法是降低配方中某一饲料的比例，同时增加另一饲料的比例，两者的增减数相同，即用一定比例的一种饲料代替另一种饲料。

第六步：计算矿物质和氨基酸用量。根据上述调整好的配方，计算钙、非植酸磷、蛋氨酸、赖氨酸的含量。对饲粮中能量、粗蛋白质等指标引起变化不大的所缺部分可加在玉米上。

第七步：列出配方及主要营养指标。维生素、微量元素添加剂、食盐及氨基酸计算添加量可不考虑。

二、肉鸡各阶段日粮的配制特点

（一）肉鸡前期料的配制与应用

育雏前期（0~10日龄）的主要目的是建立良好的食欲和获得最佳的早期生长。肉鸡7日龄的体重目标应为160克以上（无论是罗斯308，还是爱拔益加肉鸡）。

小鸡料（肉鸡前期料）俗称鸡花料，一般使用到7日龄。小鸡料占肉鸡饲料成本的较小部分，因此，在制定饲料配方时主要考虑生产性能和效益（如达到或超过7日龄的体重指标），而不注重饲料成本。这对于所有肉鸡的生产程序均非常重要，对生产屠宰体重较小的肉鸡和以生产胸肉为主要目的的肉鸡尤为重要。

雏鸡的消化系统还不健全，因此，鸡料所使用的饲料原料必须消化率较高。另具有以下特点：营养水平高，特别是氨基酸、维生素E和锌；通过添加油和核苷酸，刺激雏鸡免疫生物因子和前生物因子；通过添加油和核苷酸，刺激雏鸡免疫系统的发育；通过饲料的类型、高钠和香味剂等，来刺激雏鸡的采食量。

在以小麦为主要原料的饲料中，使用玉米非常有益，饲料中的总脂肪含量最好保持较低的水平（小于5%），避免使用动物脂肪。饱和脂肪含量较高，将限制肉鸡的早期生长。

（二）肉鸡中期料的配制与应用

小鸡料使用结束后，需要使用14~18天的中鸡料（肉鸡中期料）。小鸡料向中鸡料的过渡一定要慎重，除配方原料结构发生了变化，还有从颗粒破碎到颗粒料类型的变化和过渡。

此阶段需提供优质中鸡料，氨基酸和能量水平要兼顾，从而获得最佳的生产性能。如果使用任何生长控制程序，都应在此阶段实施。通过一些管理技术（如使用粉料，光照控制）来限制喂料量非常有效。一般通过降低日粮营养成分来限制肉鸡的生长。

（三）肉鸡后期料的配制与应用

大鸡料（肉鸡后期料）在肉鸡总饲料成本中占相当大的比例，因此，设计大鸡饲料配方时主要考虑经济利益。大鸡料可适当加大非常规原料使用，如杂粕等。此阶段的肉鸡生长迅速，要避免脂肪过度沉积，从而影响胸肉的出肉率。如果大鸡料的营养水平过低，将增加脂肪沉积和降低胸肉的出肉率。18日龄以后肉鸡，使用一种还是两种大鸡料，主要取决于肉鸡的屠宰体重、饲养期和喂料程序。

日粮中使用小麦的多少，在设计配合饲料时要经过精确计算。小鸡料中小麦安全用量是不使用或在4~7日龄使用5%，中鸡料逐渐增加到10%，大鸡料15%。使用全小麦配方时，如果全价饲料的成分不做调整，饲料的营养水平较低，将会降低肉鸡的生产速度和饲料转化率，减少出肉率，形成更多的脂肪。使用小麦酶，有助于解决饲料利用率低的问题。

第四节　饲料的选择与存放

随着饲料工业的发展，肉鸡的营养需求已不再是养殖场或养殖户考虑的范围，已成为饲料生产厂家的核心工作。所以作为养殖场或养殖业主，只要把精力放在饲料品质和饲料厂家的选择上即可。

好饲料就是营养均衡、有质量保证、能够满足不同季节、生长阶段肉鸡对营养的不同需求。由于近年来饲料行业竞争加剧、原料价格上涨，加上气候对玉米、大豆产量的影响，个别饲料质量出现不稳。所以作为规模化养殖场在饲料采购和存放上应注意以下几点。

一、饲料厂家选择

在选择饲料厂家时，不要被饲料价格和返还所左右，无论是购买配合料、浓缩料，还是预混料，都要把注意力关注在饲料厂的资质上，重视饲料厂家的规模和信誉。正规饲料生产企业要具备有效的饲料生产企业审查合格证或生产许可证；饲料标签上要标明“本产品符合饲料卫生标准”字样，还应明示饲料名称、饲料成分分析保证值、原料组成、产品标准编号（国标或企标）、加入药物或添加剂的名称、使用说明、净含量、生产日期、保质期、审查合格证或生产许可证的编号及质量认证（ISO9001、HACCP 或 ISO22000 产品认证）等 12 项信息。

例如现有两个品牌的饲料，A 饲料的转化率是 1.8，B 饲料的转化率是 1.9，那么一只喂 A 饲料的 2.5 千克的成鸡总采食量为 4.5 千克饲料，B 饲料需要 4.75 千克，喂 B 饲料的每只鸡的饲料成本与喂 A 饲料的相比就要增加 0.8~1 元，那么每只鸡的效益就会降低 0.8~1 元钱，从价格上看似便宜的饲料，如果料肉比高，其价格反而会更贵。所以更多的应关注饲料的品质，把注意力放在综合效益上。

二、饲料种类及选择

饲料的种类

1. 按营养成分分类

（1）全价配合饲料　又称全价饲料，它是采用科学配方和通过合理加工而得到营养全面的复合饲料，能满足鸡的各种营养需要，经济效益高，是理想的配合饲料。全价配合饲料由各种饲料原料加上预混料配制而成，也可由浓缩饲料稀释而成。全价配合饲料在鸡用得最多。

（2）浓缩饲料　又叫平衡用混合饲料或蛋白质补充饲料，由蛋白质饲料、矿物质饲料与添加剂预混料混合而成。不能直接用于喂鸡。一般含蛋白质 30% 以上，与能量饲料的配合比应按生产厂的说明进行稀释，通常占全价配合饲料的 20%~30%。

（3）添加剂预混料　由营养性和非营养性添加剂加载体混合而成，是一种饲料半成品。可供生产浓缩饲料和全价饲料使用，其添加量为全价饲料的 0.5%~5%。

（4）混合饲料　又叫初级配合饲料或基础日粮。由能量饲料、蛋白质饲料、矿物质饲料按一定比例组合而成，它基本上能满足鸡的营养需要，但营养不够全面，只适合农村散养户搭配一定青绿饲料饲喂。

2. 按肉鸡的生理阶段分类

肉鸡按周龄分为三种或两种，前期料、中期料和后期料等。

3. 按饲料物理形状分类

鸡的饲料按形状可分粉料、粒料、颗粒料和碎裂料等，这些不同形状的饲料各有其优缺点，可酌情选用其中的一种或两种。通常生长后备鸡、蛋鸡、种鸡喂粉料；肉仔鸡 2 周内喂粉料或碎粒料，3 周龄以后喂颗粒料；肉种鸡喂碎粒料。

（1）粉料　是将饲料原料磨碎后，按一定比例与其他成分和添加剂混合均匀而成。这种饲料的生产设备及工艺均较简单，品质稳定，饲喂方便，安全可靠（图 4-7）。鸡可以吃到营养较完善的饲料，由于鸡采食慢，所有的鸡都能均匀采食。适用于各种类型和年龄的鸡，也可以加水调制成湿拌料（手握成团，松手即散）饲喂。但粉料的缺点是易引起挑食，使

图 4-7　粉料

鸡的营养不平衡，尤其是用链条输送饲料时。喂粉料采食量少，且易飞扬散失，使舍内粉尘较多，造成饲料浪费，在运输中易产生分级现象。粉料的细度应在 1~2.5 毫米。磨得过细，鸡不易下咽，适口性变差。

（2）颗粒料　是粉料再通过颗粒压制机压制成的块状饲料（图 4–8），形状多为圆柱状。颗粒料的直径是中鸡 <4.5 毫米，成鸡 <6 毫米。颗粒饲料的优点是适口性好，鸡采食量多，可避免挑食，保证了饲料的全价性；鸡可全部吃净，不浪费饲料，饲料报酬高，一般可比粉料增重 5%~15%；制造过程中经过加压加温处理，破坏了部分有毒成分，起到了杀虫、灭菌作用，饲料比较卫生，有利于淀粉的糊化，提高了利用率。但颗粒饲料制作成本较高，在加热加压时使一部分维生素和酶失去活性，宜酌情添加。制粒增加了水分，不利于保存。饲喂颗粒料，鸡粪含水量增加，易发生啄癖。还由于鸡采食量大，生长过快，而易发生猝死症、腹水症等。

图 4–8　颗粒料

（3）粒料　粒料主要是未经过磨碎的整粒的谷物，如玉米、稻谷或草籽等。粒料容易饲喂，鸡喜食、消化慢，故较耐饥，适于傍晚饲喂。粒料的最大缺点是营养不完善，单独饲喂鸡的生产性能不高，常与配合饲料配合使用。对实施限饲的种鸡常在停料日或傍晚喂给少量粒料。

（4）碎裂料（粗屑料）　碎裂料是颗粒料经过粗磨或特制的碎料机加工而成，其大小介于粉料和粒料之间，它具有颗粒料的一切优点和缺点，成本较颗粒料稍高。因制小颗粒料成本高，所以一般先制成直径 6~8 毫米的大颗粒，冷却后将颗粒通过辊式破碎机碾压成片状，再经双层筛，将破裂粒筛分为 2 毫米和 1 毫米的碎料与粉碎料，喂给 1~2 周龄的雏鸡，特别适于作 1 日龄雏鸡的开食饲料。制粒时含水量可达 15%~17%，冷却后可降为 12%~13%。

生产中一般选择方法是：0~2 周龄用粉料饲养，3 周龄至上市用颗粒料饲养。开食、患有某些疾病（如肾型传染性支气管炎等）时，使用粒料或碎裂料。

三、饲料运输与贮存

运输车辆使用前要进行严格消毒，清除鸡毛、鸡粪等各种杂物，避免与有毒有害及其他污物混装。运输途中注意防护，避免因雨淋、受潮等引起饲料发霉变质。运输车辆禁止进入生产区，饲料运到养殖场后，先进行熏蒸消毒，再由转送料车转送到生产区内的料塔。成袋饲料整齐码放在干燥的仓库内。

由于饲养规模大，又受饲料涨价、运输、节假日等因素的影响，所以规模化养殖场必须建造好的贮料间。好的贮料间要求干燥、通风好、便于装卸和出入；贮料间和料塔都应具备隔热、防潮功能，每次进料前对残留饲料或者其他杂物进行清扫和整理，用 3 克 / 米 ^{3} 强力熏蒸粉进行熏蒸消毒 20 分钟；贮存期间做好防雨、防水、防潮、防鸟和防鼠害工作，减少饲料污染和浪费。

第5章

管理：日常管理和巡查并重

第一节　生长期和育肥期的饲养与管理

一、科学调整喂料

生长期的鸡已能适应外界环境的变化，此阶段的重点在于促进骨骼和内脏生长发育，需要及时增加喂料量，调整饲料配方。换料要循序渐进，逐渐更换，以免消化系统不适应饲料营养成分的突然变化，带来不必要的损失（图5-1）。

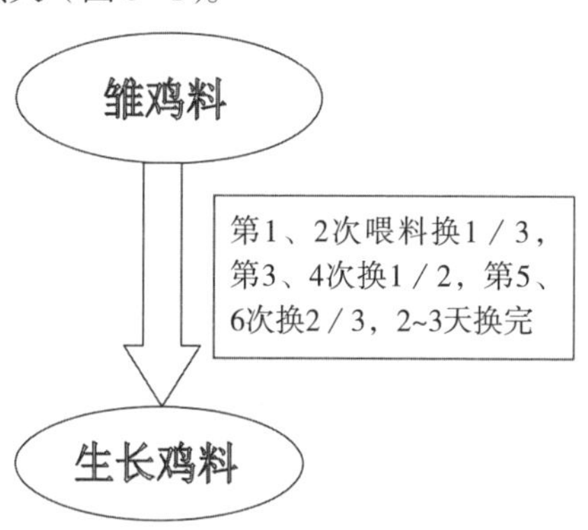

图5-1　换料要循序渐进，逐渐进行

鸡有挑食的习性，容易把饲料撒到槽外，所以每次投料不可超过

料槽高度的1/3。应根据鸡的生理阶段，及时更换足够大、添加足够多的喂料工具，而且分布均匀，以免影响采食，降低均匀度，影响鸡群的整齐上市。图5-2中的料槽位置太偏，水位明显不足。

图5-2 料槽位置太偏，水位明显不足

育肥期饲养管理的要点是促进肌肉更多地附着于骨骼及体内脂肪的沉积，增加鸡的肥度，改善肉质、皮肤和羽毛的光泽。因此，饲料配方要增加能量水平，蛋白含量可以适当降低。此期要特别注意按照用药规范，防止药物残留；同时可以在日粮中少量添加安全无公害、富含叶黄素的饲料或添加剂（着色剂）。尽量使鸡的运动降到最低限度，以提高饲料转化率；出栏、抓鸡前6~12小时停止喂料，正常饮水。

二、供给充足饮水

新鲜清洁的饮水对鸡正常生长尤为重要，每采食1千克饲料要饮水2千克以上，气温越高饮水越多。为使所有鸡都能得到充足饮水，自动饮水的鸡场要保证饮水器（图 5-3）内不断水，使用其他饮水器的要保证有足够的饮水器且分布要均匀。饮水器的高度要适时调整，防止饮水外溢，造成鸡舍内潮湿。

图 5-3　自动饮水器

三、合理分群

（一）公母分群

由于公母鸡的生理基础不同，生长速度、脂肪沉积能力不同，对生活环境和日粮营养水平的需求也有一定差别，因此进行分群饲养（图 5-4、图 5-5），可有效提高饲料利用率，降低生产成本，提高经济效益。这在优质鸡生产中尤为重要。

图 5-4　公鸡分群饲养

图 5-5　单独饲养的母鸡群

（二）大小、强弱分群

快大型白羽肉鸡一般采用公母混养的方式。在饲养过程中，因为个体差异、环境影响或饲养管理不当，可能会出现一些弱鸡，要及时进行大小、强弱分群，挑出病、弱、残、次的鸡（图 5-6 至图

图 5-6　及时挑出病残鸡

图 5-7　这种瘫鸡要及时拣出来处理掉

图 5-8　挑出乍毛的不健康小鸡单独饲养或淘汰

图 5-9　挑出弱雏、不吃食的雏鸡单独饲养

5-9)，根据不同情况分别对待，以提高鸡群均匀度。个别残次个体应及时挑出予以淘汰，这样既可节约饲料，又可避免对其他个体的影响。

第二节　优质肉鸡生态放养的关键技术

遵循鸡与自然和谐发展的原则，利用鸡的生活习性，在草地、草山草坡、果园、竹园、茶园、河堤、荒滩上进行生态放养。目前的方式多为前期舍饲，后期放归自然加补饲的方式。

一、建好鸡舍

不管选择山地、果园、林地等哪种放养地点，都要在地势较高的地方为鸡群搭建适合的棚舍（图 5-10），供鸡躲避风雨、防止兽害及晚上休息用。规划建设鸡舍时，要考虑所在地的气象、地质条件，避免大风、洪水等自然灾害可能造成的危害。鸡舍外开好排水沟利于排水，鸡舍高度一般 2~2.5 米，鸡舍内可用木条等制作栖架（图 5-11），以适应鸡喜欢登高栖息的生活习性，提高饲养密度，还可减少肉鸡与鸡粪的接触。放养场地四周可以设置篱笆，也可以选择尼龙网、镀塑铁丝网或竹围（图 5-12 和图 5-13），高度 2.5 米以上，防止鸡飞走。

图 5-10　鸡舍搭建在地势较高的地方

图 5-11　鸡舍内的立式栖息架

图 5-12　镀塑铁丝网围栏

图 5-13　尼龙网围栏

在放牧场地里，人工搭建一些简单棚架（图 5-14），充当鸡的避难所，可以让鸡在感到恐惧时躲避。

图 5-14　简易鸡棚

二、规划好放牧场地

放养密度和数量根据自己的实际条件确定。如果放养场地植被较好，且具备轮牧条件，以放牧为主、补饲为辅（图 5-15）时，密度不宜太大，每个放养群体在 1 000 只左右。如果人工采集优质牧草等天然饲料资源饲喂，或者以饲喂为主、补饲为辅，则可以大群饲养，甚至可以大于 5 000 只，放牧场地则不宜过大，否则饲料转化率降低，饲养管理成本等相应增加。为了提高放养效率，进雏可以选择在 2-6 月，放养期 3~4 个月，这段时间刚好牧草生长旺盛，昆虫饲料丰富，可以充分利用。

图 5-15　人工补饲颗粒料

三、把握好日常管理要点

（一）信号训练

从育雏期开始，每次喂料时给鸡群相同的信号（如吹哨、敲打料盆等），使其形成条件反射（图 5-16）。放养后通过该信号指挥鸡群回舍、饲喂、饮水等活动。坚持放养定人，喂料、饮水定时、定点，逐渐调教，形成白天野外采食，晚上返回鸡舍补饲、饮水、休息的习惯。

图 5-16　放养鸡听到信号后，飞回鸡舍吃料、饮水

（二）放牧时机的选择

根据气候和植被情况，一般雏鸡饲养到 30 天左右，体重在 0.3~0.4 千克时开始放牧饲养。为了使鸡群适应放牧饲养环境，放养前应逐渐停止人工供温，使鸡群适应外界气温。开始放牧时以每天 2~3 小时为宜，以后时间逐渐延长，放牧场地也要由小到大，循序渐进。

（三）饲料的过渡

放牧前 10 天，逐渐在饲料中掺入一些细碎、鲜嫩的青绿饲料，以后每日在鸡舍外附近地面撒一些配合饲料和青绿饲料，诱导雏鸡地面觅食（图 5-17），以适应以后的放养生活。放牧前 1 周，为防止应激，可在饲料或饮水中加入维生素 C 或复合维生素。

图 5-17　母鸡带领雏鸡觅食

（四）补料和喂水

根据放牧条件决定放牧期间的饲喂制度。若以放牧为主，一般放养第 1 周，早中晚各饲喂 1 次，第 2 周开始早晚各 1 次，早晨少喂，逐渐过渡到每天晚上补料 1 次（图 5-18），同时逐渐由全价料过渡到五谷杂粮，补料量根据放牧场地植被和鸡群嗉囊充盈程度而定。在放牧场地供给充足的饮水，并固定位置。人工补饲优质牧草等青绿饲料时，也要把握由少到多的原则。

图 5-18　傍晚补料

（五）放牧后期的饲养管理

出栏前 20 天左右，逐渐减少鸡群活动量，增加喂料量，加强育肥，提高肌内脂肪含量，改善鸡肉品质。饲料中不宜添加有异味的鱼油、牛油、羊油等油脂，以免影响肉质。

（六）捕捉注意事项

因放养鸡长期运动，体能好，运动能力强，所以在出栏等需要捕捉时，最好选在晚上，在微弱光照下进行，减少碰撞、挤压，避免不必要的损失。

第三节　观察鸡群，应对管理

日常管理中加强鸡群巡视，观察鸡群状况，可以随时发现饲养环境中存在的问题，改善鸡舍小环境；通过及时了解鸡群生长发育情况，便于预防和治疗疾病，降低损失；通过对鸡只个体单独的管理，减少个体死亡，提高成活率。

一、观察鸡群的原则和方法

动用自己所有的感官，甚至在进入鸡舍前，就应该轻声来到鸡舍门外，静静地停留一会儿（图 5-19），仔细听听鸡群发出的声音有无异常。

定期进入鸡舍进行静止观察，不要在鸡舍内来回走动。进入鸡舍以后，不要急着开灯，以免给鸡造成应激。在鸡舍里安静地观察 15 分钟（图 5-20），也可以搬把椅子坐在鸡舍里，仔细观察鸡群的活动状况，定期重复观察。只有这样，才能模清鸡群的真实情况，特别是异常行为表现。通过嗅觉了解鸡舍内的通风情况；用眼睛观察和耳朵倾听，了解鸡群是否活跃，对您进入鸡舍的反应与以前有何不同；还要去感知鸡舍内的温度是否适宜，所有的异常现象都需要给予关注。

图 5-19　鸡舍外感觉鸡群

图 5-20　静止观察鸡群

如果鸡群在过去一天没有采食饲料，会发出一种特殊的气味。

观察鸡群可以实行边工作边观察与专门观察相结合。可以在清扫过道、添加饲料、检查水线等过程中，观察和巡检鸡群。为了更准确地得到鸡群的实情，最好能安排专门的时间进行全神贯注的观察和巡检，而在其他工作的同时进行。

一次完整的巡查，必须走遍整个鸡舍，而非仅仅停留在鸡舍前部或仅仅巡检一个过道。巡检、观察时，不可仅仅停留在观察鸡的行为上，还要注意检查水线、料线的工作运行状况。要观察鸡舍前后左右每一个角落，同时不要忘记看看鸡舍顶棚。

鸡舍巡查要遵循群体—个体—群体的原则和顺序。先从鸡群整体观察开始，看鸡群是否在地面（地面厚垫料平养）、网床（网上饲养）上均匀分布，鸡群是否特别偏好聚集在鸡舍某个特定区域，或因鸡舍气候恶劣（如过于干燥或寒冷等）而避免到某个区域去。尝试发现鸡与鸡之间的不同，观察鸡群的整齐度，了解为什么会发生鸡群个体之间的差异。抓出那些看上去比较特别的鸡只，近距离观察。若发现异常，要确定是偶发因素造成，还是潜在的重大问题的前兆。平时还要随机抓出一些鸡只个体进行观察和评估。对一些个体的观察，还需要把它放到鸡群的大背景下进行评估。因此，鸡群观察的顺序是整体—个体—整体。

观察鸡群，注意发现普遍的规律和现象，同时找出极端现象。对观察到的情况要及时进行汇总、思考，多问问自己：看到、听到、闻到、感觉到什么了？意味着什么？为什么会发生这些现象？如何解释？如何应对？对这些情况置之不理还是需要立即采取行动？

要经常提醒自己，观察到的这些情况与环境有关系吗？这种情况经常发生吗？发生的时间？易发鸡群？其他鸡场有类似情况发生吗？

二、群体观察与应对管理

一个运营良好的鸡场，一定要定期巡查鸡舍周边环境状况，以确认可能存在的问题及改进策略。进入鸡舍前，应抓住重点，先从鸡舍外部巡查。

进入鸡舍前，先知道本栋鸡舍的有关数据，如存栏量、日龄、免疫情况等。

在鸡舍外留出至少 2 米的开放地带（图 5-21），便于防鼠，因为鼠类一般不会穿越如此宽的空间，不能无限度地扩大两栋鸡舍间的植物绿化带，鸡舍周围不种植植被或只种植低矮的草，这样可以确保老鼠无处藏身。同时需要保持鸡舍周边环境干净整洁，无杂物存放，无垃圾堆积。

图 5-21　鸡舍外的开放地带

图 5-22　鸡舍入口的消毒垫

鸡舍入口要有恰当的消毒措施。进入鸡舍必须经过消毒池或消毒脚垫（图 5-22），同时要确保消毒池内有足够的消毒液，消毒脚垫始终湿润，更不能绕开消毒池或消毒脚垫进入鸡舍，否则会造成污染。

灰尘对鸡对人都有害。灰尘颗粒吸入肺中，如果再同时吸入了氨气，将会破坏黏膜系统，增加呼吸道病感染的机会，尤以灰尘浓度高、颗粒小时更甚。没有一个鸡舍内部是一尘不染的，垫料、饲料、羽毛、粪便都会最终变成灰尘颗粒飘浮在鸡舍空气中。因此，永远不要低估灰尘对人的健康可能造成的危害，进入鸡舍一定要戴好口罩（图 5-23）。

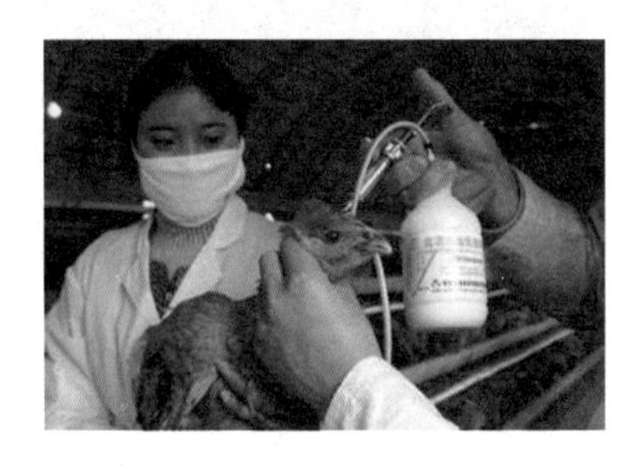

图 5-23　鸡舍内的活动要戴口罩

推开鸡舍门，迎面扑来一股

氨味，可能使您感觉刺鼻，眼睛睁不开。这说明，鸡舍内氨气浓度已经非常高了。空气中氨气浓度过高，会使鸡感觉痛苦，影响鸡的黏膜系统，使鸡对疫病更加易感。氨气浓度如果超过20毫克/米^3，人就可以闻到，而鸡舍内的其他气体如氧气、二氧化碳、一氧化碳等均无臭无味，人的感官不能察觉。如果浓度过高，对鸡对人均有害（表5-1）。

表5-1　鸡舍内各种气体的浓度标准

气体	标准水平
氧气	＞21%
二氧化碳	＜0.2%（2000毫克/米^3）
一氧化碳	＜0.01%（100毫克/米^3）（最好是0）
氨气	＜0.002%（20毫克/米^3）
硫化氢	＜0.002%（20毫克/米^3）
相对湿度	60%~70%

当走过鸡群时，观察鸡群是否有足够的好奇心（图5-24），是平静还是躁动，是否全部站立起来，并发出叫声，眼睛看着你。那些不能站立的鸡，可能就是弱鸡，要拣出来单独饲养（图5-25）。

鸡会花大量的时间去觅食。在自然环境中，鸡会花一半的时间觅食和挖刨，即使是在人工饲养的条件下，仍然喜欢挖刨，包括在饲料中挖刨。因此，观察鸡群时，要注意查看鸡群的采食情况，看是否有

图5-24　鸡群表现

图5-25　查看鸡舍内是否有死鸡应及时拣出

勾料（把料桶内的饲料勾到地上）、挑食等行为。勾料是球虫、肠炎、肠毒综合征等疾病的表现。造成鸡挑食的原因有多种，但多数与应激密切相关，由于在育雏期均以颗粒料饲喂，对颗粒饲料有较强的依赖性，适口性好，所以当鸡群忽然更换到粉料，会造成较大的应激，造成挑食现象。避免这种情况主要是通过控制饲料粒度，玉米的粒度不要太大，随着日龄的增加而增大，豆粕除非特别大的团块，一般都不需要再粉碎。另外，进行提高饲料加工的均匀度，使细碎的预混料能够均匀地附着于各种原料的表面，也可以通过油脂的喷雾加强预混料的均匀分布。

地面平养系统中，为了满足鸡的挖刨行为，要保持垫料的疏松和干燥，也可以在鸡舍一角放置大捆的稻草或苜蓿草（图 5-26）。这样可以减少鸡之间相互捉拉羽毛的倾向。但前提是，要确保稻草和苜蓿草干燥，没有霉变。

鸡通过吮羽保持其羽毛处于良好状态（图 5-27）。吮毛是将鸡尾羽腺分泌的脂肪涂布到羽毛上的过程。早晨，鸡睡觉醒来就会出现吮羽现象；啄羽通常发生在下午。因此，下午是一天中最重要的观察时刻，为避免发生过多的啄羽，可以在下午给鸡群一些玩具或能分散鸡群注意力的其他活动。

图 5-26　鸡舍内可以铺设厚的垫草，适应挖刨习性

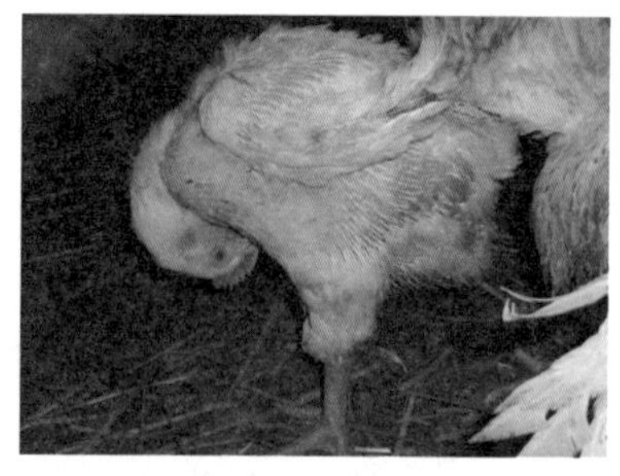

图 5-27　吮羽可保持其羽毛处于良好状态

鸡没有汗腺，当环境温度过高，它感到太热的时候，就会张嘴喘气，以蒸发散热的方式排出多余地热量（图 5-28）。同时，它会展开

翅膀甚至羽毛，尽量增加身体接触通风的面积，最大程度地排出热量。如果发现整个鸡群有这种行为，那就表明鸡舍内温度过高，要设法缓慢降温，使鸡舍保持适宜的鸡体感温度。

通风不仅仅是将新鲜空气送入鸡舍，也能调整鸡舍内空气组成。若有多栋鸡舍，可能会发现每栋鸡舍里鸡只的行为都不尽相同，这就可能是由鸡舍内的小气候不同造成的。应立即入舍检测，并想法提高鸡舍的通风质量。

灰尘和污垢堵塞进风口和通风管道（图 5–29），造成通风量减少，从而使得鸡舍内温度升高和不必要的能源浪费。

图 5–28　环境温度过高，肉鸡感到太热的时候，就会张嘴喘气

图 5–29　进风口堵塞

夏季，借助鸡舍喷雾降温或带鸡消毒（图 5–30），可有效降低舍内粉尘浓度，改善鸡舍小环境。

图 5–30　鸡舍喷雾消毒降温

无限度增加饲养密度的现象往往出现在育雏期，对肉鸡的均衡发育影响较大，因为增加饲养密度时，其料位与水位会明显不足，这样一些肉鸡因采食与饮水不足慢慢被淘汰。观察图 5–31，这是一个肉鸡场 5 日龄肉鸡，估算饲养密度达到 100 只 / 米^{2}了，出现的问题是弱雏明显增多。观察图 5–32，明显存在的问题是料位太偏、

图 5-31　饲养密度过大，弱雏明显增多

图 5-32　水位明显不足

密度过大，水位明显不足。

鸡群出现伤热现象的前兆（图 5-33），一定要减少圈养密度。

观察这群刚做过免疫的雏鸡就会发现，由于过分拥挤，密度过大（图 5-34），造成雏鸡张口呼吸，这对雏鸡来讲是一种巨大的不良应激反应！

图 5-33　鸡群张嘴呼吸

图 5-34　鸡群拥挤

进入舍内发现扎堆现象（图 5-35）：应考虑鸡群已经处于严重的不适状态，应立即提高舍内温度，驱散集堆鸡群。同时找出不适的原因，可能原因有：疫病、大的应激和舍内温度偏低。

如果鸡舍太热，地面平养系统的鸡将会寻找凉快的地方，例如，它们将会依墙扎堆而卧。同时，它们会嘴巴张开，脖子伸长，翅膀伸展，尾巴上下摇动，鸡冠和肉髯呈暗红色，但听不到杂音。当鸡躺在

图 5-35　鸡群扎堆

图 5-36　鸡群聚集在栏舍边缘

地面，脚后伸和脖子伸长时，有窒息的危险。但是，当鸡感觉冷的时候又会成群扎堆，羽毛蓬松，缩头，看起来像生病的样子。

鸡群聚集在栏舍边缘（图 5-36），可能的原因是鸡舍温度偏高或供氧不足、通风不良，应设法改善。

图 5-37 至图 5-39 出在同一个栏内，3 种不同料桶混用。其直

图 5-37　同舍内料桶不一致

图 5-38　同舍内料桶不一致

图 5-39　不同的料桶在同一舍内

接危害是鸡只吃料无法遵循提高均匀喂料的“三同”原则（同一时间内，相同条件下，每只鸡都能吃到相同的料量）。图 5-40 可见，有鸡只在吃料，其他料桶中没有料了，这会造成部分鸡多吃料现象。多吃料的鸡会越来越强，变成大鸡，造成鸡群均匀度

差。可能的原因是鸡群分布不均，或加料不均。

撒料现象（图 5-41）可能是加料或者清料盘时把料洒到这里了，造成饲料浪费。种鸡饲养中，若是发生在限饲的时候，还极易引起压死鸡现象。

图 5-40 料桶余料不匀

图 5-41 撒料现象

图 5-42 中料盘已经压在了垫料下，造成饲料浪费。不要把料位长期放在栏里。

图 5-42 料盘压在垫料下

一天或是某个季节，都会存在所谓的高危时段。肉鸡在免疫、转群、换料等时段都是高危时段，这对饲养管理者来说也是一个挑战时段。要确保在这些时段，把风险降到最低。此外，夏季天热易受热应激而中暑，要保证密度不要过大。在平养系统中，如果发现鸡群总是不断地向鸡舍前端跑去，那就是饲养密度过大的表现。冬季天冷，通风往往不能达到最低通风量标准。如果是用地面平养系统，一个重要的工作就是在冬季尽力保持鸡舍内的气候环境对鸡适宜，而非对饲养管理者或养殖场主本人适宜。

进入鸡舍，如果发现鸡群总是避免聚集在某个区域，或是在某个区域扎堆，这可能是由空气流动不畅造成。而鸡舍内空气流动不畅往往是由鸡舍空间太小和内部的遮挡物太多造成。空气不能良好流动是

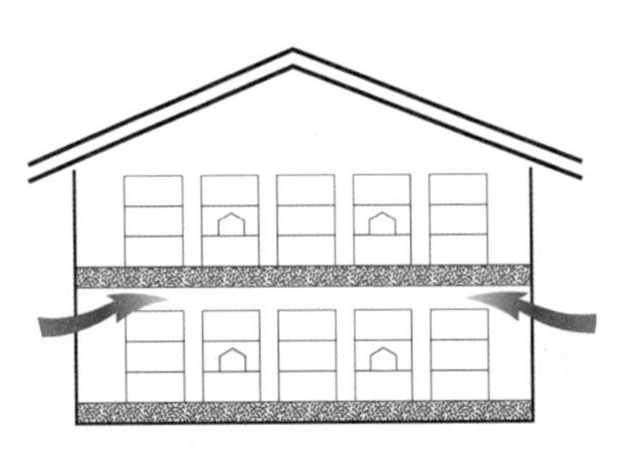

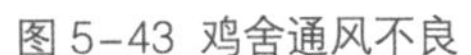
图 5-43 鸡舍通风不良

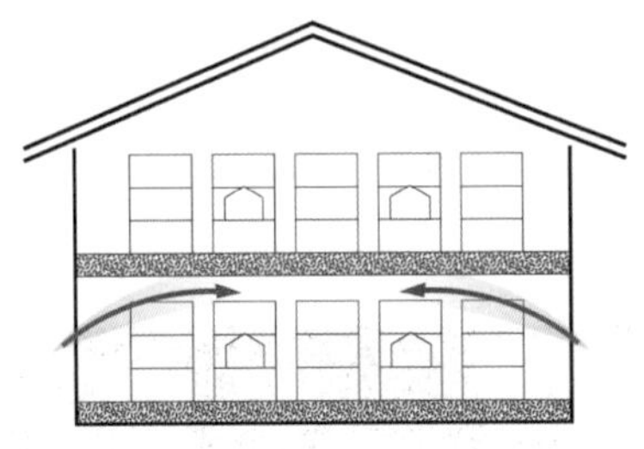

图 5-44 鸡舍通风良好

由于鸡舍太矮，造成空气流动被阻隔，出现鸡舍中间部分没有空气流动（图 5-43）。

图 5-44 改进：鸡笼（网架）以上的空间较大，可以保证空气流动到鸡舍中间部分。鸡舍内基本没有空气流动不畅的区域。为了更加保险，也可以用管道连接顶棚，直接将空气引入到鸡舍中间。

表5-2 饲养日志

舍名：　　饲养员：　　　　　第　周　本周舍内湿度：

日期	日龄	舍温（℃）	采食量、饮水量		日采食总量	死亡数		日死亡总数
			白天	夜间		白天	夜间	
	1	34.0						
	2	33.5						
	3	33.0						
	4	32.5						
	5	32.0						
	6	31.5						
	7	31.5						
每日按照表格温度合理降温，按时如实填写，不得丢失								

要及时、全面记录观察收集到或了解到的鸡群相关信息，防止事后遗忘（表 5-2）。记录内容还包括生产数据，如饲料、饮水消耗量、舍内温度变化情况、免疫及投药等情况。使用您所收集的信息，在每天的同一个时间段进行数据和信息的采集，可以发现两天的差别。比

如饮水量、饲料采食量的大幅改变，首先意味着鸡群健康出现了问题，也可能是料线或水线出现了机械故障。这些情况也可以结合巡视中观察到的鸡群状况，对鸡群进行综合、全面的评定。

健康的肉鸡皮肤红润、羽毛顺滑、干净、有光泽。如果羽毛生长不良，可能舍内温度过高（图 5-45）；如果全身羽毛污秽或胸部羽毛脱落，表明鸡舍湿度过大；如果乍毛、暗淡没有光泽，多为发烧，是重大疫病的前兆（图 5-46）。

图 5-45　羽毛生长不良，可能舍内温度过高

图 5-46　乍毛，可能发烧

如果鸡舍内湿度过大，易于发生腿病、脚垫（图 5-47）；鸡爪干瘦，多由脱水所致，如白痢、肾传支等；如果舍内温度过高，湿度过小，易引起脚爪干裂等。

鸡有 3 种不同种类的粪便：小肠粪、盲肠粪、肾脏分泌的尿

图 5-47　湿度过大，鸡发生腿病

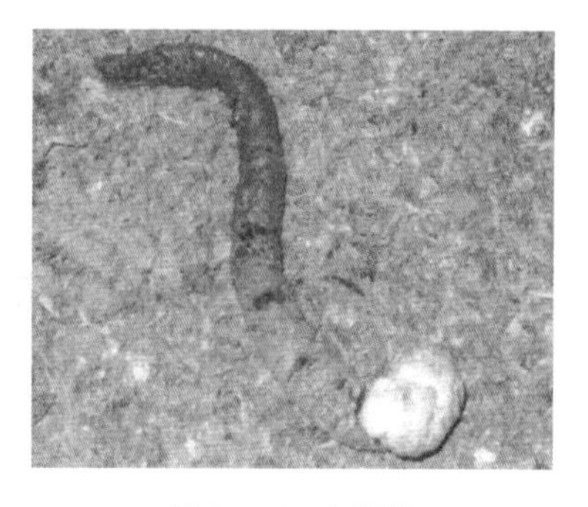

图 5-48　小肠粪

酸盐。

小肠粪比较干燥成形（图 5-48），上面覆盖着一层白色的尿酸盐，呈“逗号”状，捡起来放在手中可以滚动。如果不能滚动，可能是鸡感觉寒冷，有病，或是饲料有问题。

盲肠粪，一般呈深褐色，黏稠、湿润、有光泽，不太稀薄（图 5-49），多在早晨排泄。

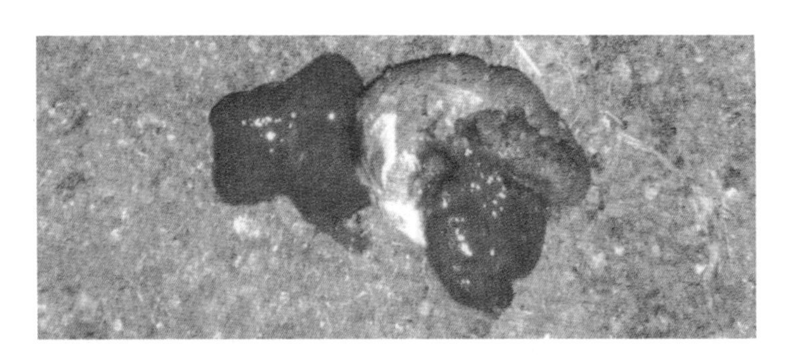

图 5-49　盲肠粪

如果盲肠粪的颜色变浅，说明消化不好，还有大量的营养成分滞留在小肠末端。这样可以造成营养成分在盲肠中发酵，使得盲肠粪变得过于稀薄（图 5-50 和图 5-51）。

肾脏分泌的尿酸盐：不同于哺乳动物，鸡没有膀胱，所以不排尿，但是可以把尿液转变为尿酸结晶，沉积在粪便表面形成一层白色

图 5-50　盲肠粪过于稀薄，色浅

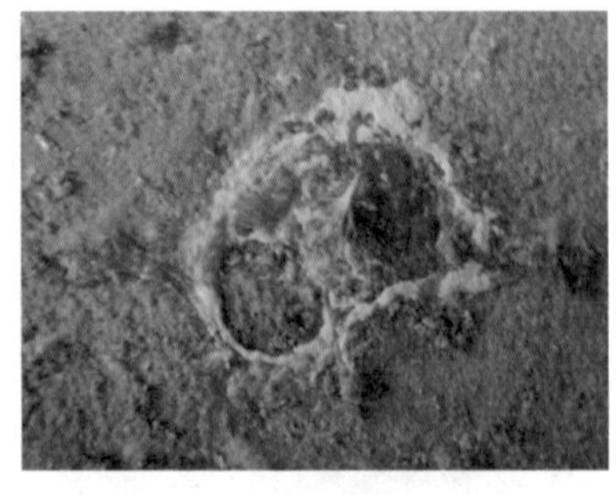

图 5-51　混有尿酸盐的盲肠粪

物（图 5-52 和图 5-53）。

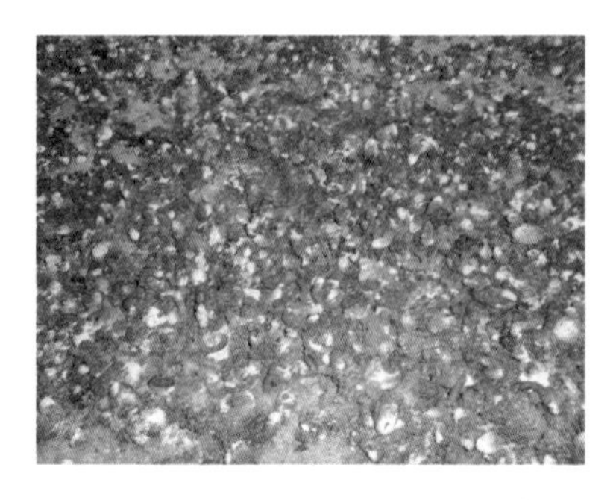

图 5-52　附有尿酸盐的正常粪便

图 5-53　有过多尿酸盐的稀薄粪便

三、个体观察与应对管理

鸡群里总会有一些高危鸡只，如发育迟缓。它们是疫病、缺水、缺料等问题出现时的第一批受害者；也是第一个向你发出信号的鸡只，告诉你饲养管理中存在的失误和不足。高危鸡不仅仅是弱鸡，也包括那些在行为上可以在鸡群中制造麻烦的鸡，它们不是受害者而是施害者。思考那些在特定环境鸡场里发现的高危鸡和所产生的问题，并找到应对的措施。

正常的鸡在站立时挺拔（图 5-54）。若鸡站立时呈蜷缩状（图 5-55），则体况不佳；一只脚站立时间较长，可能是胃疼，多见于肠炎、腺胃炎等疾病；跗关节着地（图 5-56），第一征兆就是发生了腿病（如钙缺乏）。

图 5-57、图 5-58 显示向你发出疾病信号的鸡只。发现这样的鸡只应立即挑出，不然会影响到其他鸡的工作与健康；病鸡是严重的威胁者。

图 5-54　正常的鸡在站立时挺拔

图 5-55　鸡蜷缩站立

图 5-56　跗关节关地

图 5-57　病鸡

图 5-58　病鸡

鸡羽毛湿润污秽（图 5-59），提示垫料过于潮湿。潮湿的垫料不仅会升高鸡舍内氨气的浓度，还会造成鸡的消化问题，以及球虫病，可能引发肉鸡的脚垫，造成瘸腿。应通过良好的通风，排除鸡舍内的潮湿空气，保持垫料干燥。在饲料中增加纤维素，使得鸡粪变得干燥些；检查饮水系统，防止漏水造成垫料潮湿。另外，可以在垫料上撒一些谷物，在鸡刨食的过程中，翻动垫料，使其变得蓬松些。

图 5-59　鸡羽湿润污秽

图 5-60 观察中间靠边站的

那只“站岗鸡”，说明鸡群里有大肠杆菌感染。

鸡群里这只打盹的鸡（图 5-61），看上去缩头缩脑，反应迟钝，不愿走动，不理不睬，闭目呆立，眼睛无神，尾巴下垂，行动迟缓，一旦发生疫病，这种类型的鸡将是第一批受害者。

图 5-60“站岗鸡”

图 5-61　打盹的鸡只

图 5-62、图 5-63 这样握住这只鸡，若是健康，会明显感觉到它在用力挣扎，表示它在反抗。

图 5-62　握鸡

图 5-63　握鸡

体况良好的鸡，鸡冠直立、肉髯鲜红（图 5-64），大鸡冠向一边倒垂（图 5-65）是正常现象。鸡冠发白（图 5-66）常见于内脏器官出血、寄生虫病、营养不良或慢性病的后期等情况；鸡冠发绀（图

图 5-64　健康鸡鸡冠直立、肉髯鲜红

图 5-65　健康鸡大鸡冠向一边倒垂

图 5-66　鸡冠发白

图 5-67　鸡冠发绀

图 5-68　眼睑、肉髯水肿

5-67）常见于慢性疾病、禽霍乱、传染性喉气管炎等；鸡冠发黑发紫，应考虑鸡新城疫、鸡霍乱、鸡盲肠肝炎、中毒等；肉髯水肿（图 5-68）多见于慢性霍乱和传染性鼻炎，传染性鼻炎一般两侧肉髯均肿大，慢性禽霍乱有时只有一侧肿大。

图 5-69 这样观察羽毛颜色和光泽，看是否丰满整洁，是否有过多的羽毛断折和脱落，是否有局部或全身的脱毛或无毛，肛门附近羽毛是否被粪便污染等（图 5-70）。

图 5-69　羽毛丰满整洁

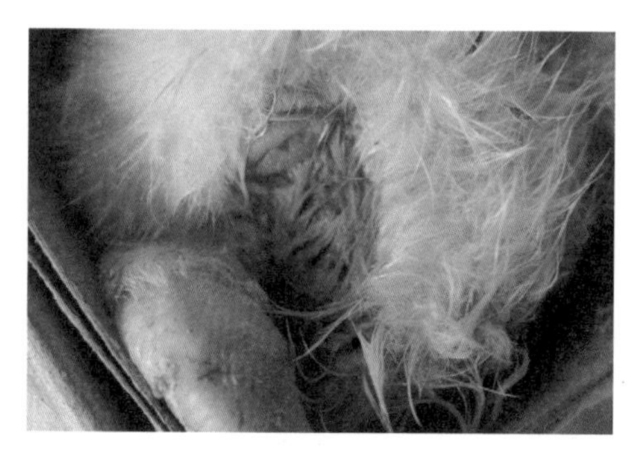

图 5-70　肛门周围羽毛被粪便污染

观察脚垫（图 5-71），脚垫上出现红肿或有伤疤和结痂（图 5-72），是垫料太潮湿和有尖锐物的结果。健康的脚垫应该平滑，有光泽的鱼鳞状。如果鳞片干燥，说明有脱水。脚垫和脚趾应无外伤。

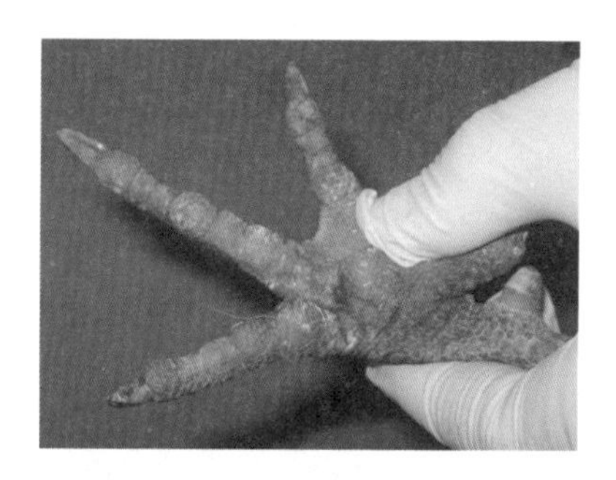

图 5-71　脚垫平滑

图 5-72　脚垫上有结痂

生长期，肉鸡的胸肉发育不完全，摸上去很有骨感，甚至龙骨非常突出。但是到了育肥期以后胸肉快速发育，变得丰满起来，同时腹部开始发育（图 5-73）。如果育肥期龙骨上附着的鸡肉仍不够丰满，意味着饲料中蛋白不足，应调整饲料。

个体观察过程中（图 5-74），如果发现鸡群中有鸡发出不正常的声音，要观察这些鸡是否有流鼻涕，喉咙中是否有黏液，或是其他有炎症发生的现象。

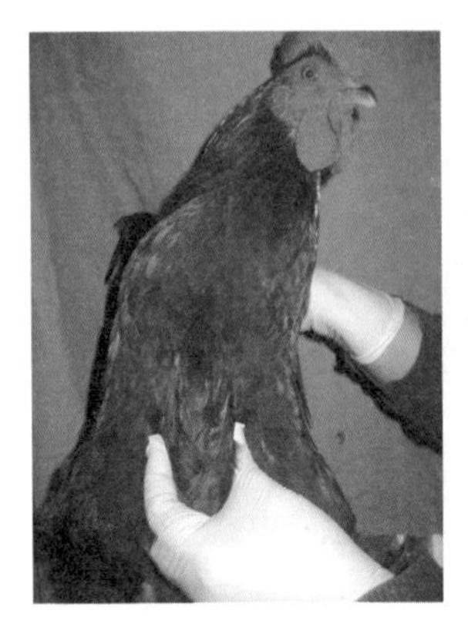

图 5-73　检查龙骨的丰满程度

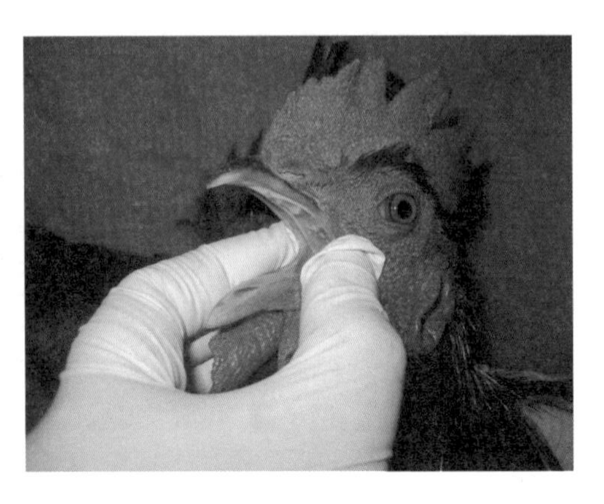

图 5-74　个体观察

鸡可以用喙来接触分辨出一些相对的感觉，如感觉硬和软、热和冷，光滑和粗糙，以及痛觉（图 5-75）。快大型商品肉鸡因为生长时间短，一般不断喙，但为防止啄癖，肉种鸡和优质肉鸡需要断喙（图 5-76）。

图 5-75　未断喙的优质肉鸡易发生啄癖

图 5-76　用断喙器给肉雏鸡断喙

断喙可以有效地防止啄癖。鸡只在 10 日龄左右断喙一次，鸡喙断取上 1/2，下 1/3（图 5-77），在 110 日龄左右再补断一次。

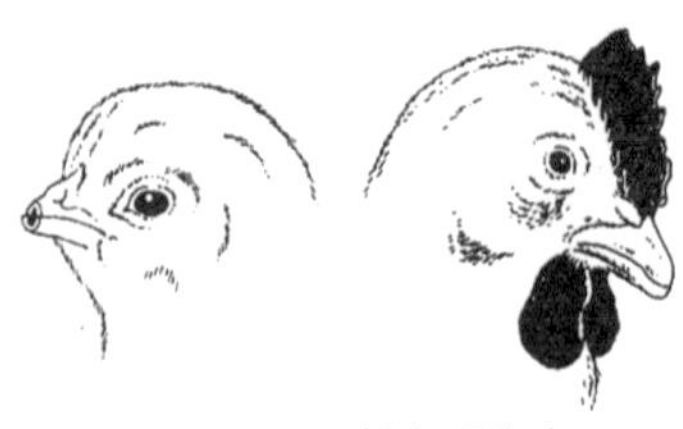

图 5-77　断喙后的鸡

断喙会给鸡造成极大的痛

苦。为了减轻鸡的痛苦，可以给优质鸡带眼罩，防止发生啄癖。

鸡眼罩又叫鸡眼镜（图 5-78），是用佩戴在鸡的头部遮挡鸡眼正常平视光线的特殊材料。使鸡不能正常平视，只能斜视和看下方，防止饲养在一起的鸡群相互打架，相互啄毛、啄肛、啄趾、啄蛋等，降低死亡率，提高养殖效益。也可以让鸡戴着眼镜出售，这样就出现了一种新型眼镜鸡，售价相对就可以提高很多。

当体重达 500 克以后，就开始配戴鸡眼罩至上市。把鸡固定好，先用一个牙签或金属细针在鸡的鼻孔里用力扎一下并穿透，如有少量出血，可用酒精棉擦拭。左手抓住鸡眼镜突出部分向上，插件先插入鸡眼镜右孔后对准鸡鼻孔，右手用力穿过鸡鼻孔，最后插入镜片左眼，整个安装过程完毕（图 5-79）。

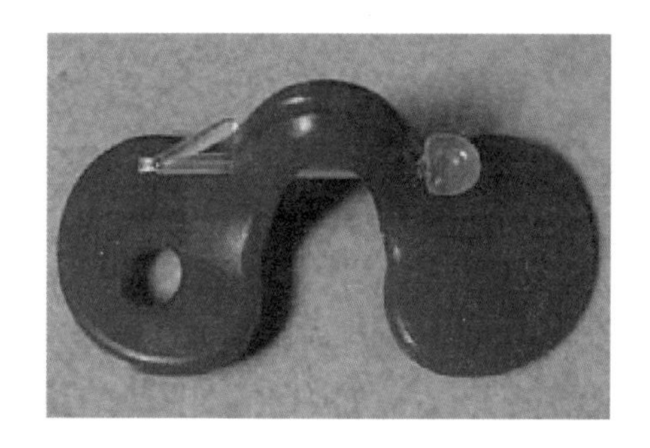

图 5-78　眼罩

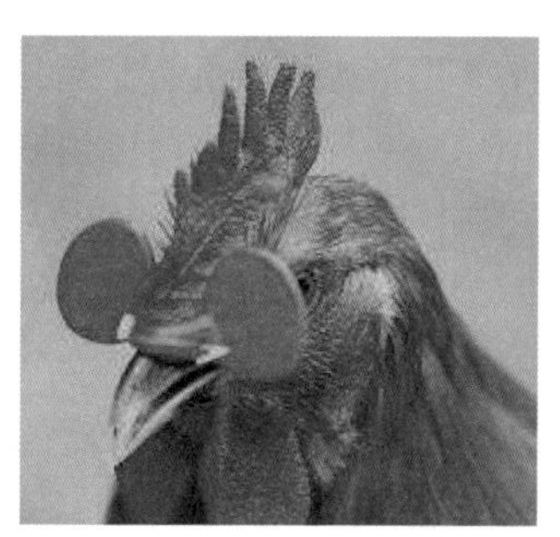

图 5-79　给优质肉鸡戴上眼罩

第四节　肉鸡的出栏管理

一、制定好出栏计划，果断出栏

（一）根据鸡只日龄，结合鸡群健康状况和市场行情，制定好出栏计划

行情好、雏鸡价格高、鸡只健康、采食量正常，可推迟出栏时间、争取卖大鸡；行情不好、鸡只有病，适时卖鸡。

（二）肉鸡出栏要果断

出栏体重是影响肉鸡效益的重要因素之一。确定肉鸡最适宜出栏体重主要是根据肉鸡的生长规律和饲料报酬变化规律，其次要考虑肉鸡售价和饲料成本，并适当兼顾苗鸡价格和鸡群状况等。

根据生产实践中的观察，运用以下 3 个公式在生产中进行测算，能够帮助广大养殖户更好地解决这一问题。

1. 肉鸡保本价格

又称盈亏临界价格，即能保住成本出售肉鸡的价格。

保本价格（元 / 千克）= 本批肉鸡饲料费用（元）÷ 饲料费用占总成本的比率 ÷ 出售总体重（千克）

公式中“出售总体重”可先抽样称体重，算出每只鸡的平均体重，然后乘以实际存栏鸡数即可。计算出的保本价格就是实际成本。所以，在肉鸡上市前可预估按当前市场价格出售的本批肉鸡是否有利可图。如果市场价格高出算出的成本价格，说明可以盈利；相反就会亏损，需要继续饲养或采取其他对策。

2. 上市肉鸡的保本体重

是指在活鸡售价一定的情况下，为实现不亏损必须达到的肉鸡上市体重。

上市肉鸡保本体重（千克）= 平均料价（元 / 千克）× 平均耗料量（千克 / 只）÷ 饲料成本占总成本的比率 ÷ 活鸡售价（元 / 千克）

公式中的“平均料价”是指先算出饲料总费用，再除以总耗料量的所得值，而不能用 3 种饲料的单价相加再除以 3 的方法计算，因为这 3 种料的耗料量不同。此公式表明，若饲养的肉鸡刚好达到保本体重时出栏肉鸡则不亏不盈，必须继续饲养下去，使鸡群的实际体重超过算出的保本体重。

3. 肉鸡保本日增重

肉鸡最终上市的体重由每天的日增重累积起来。由每天的日增重带来的收入（简称日收入）与当日的一切费用（简称日成本）之间有一定的变化规律。在肉鸡的生长前期是日收入小于日成本，随着肉鸡日龄增大，逐渐变成日收入大于日成本，日龄继续增大到一定时期，又逐渐变为日收入小于日成本阶段。在生产实践中，当肉鸡的体重达到保本体重时，已处于“日收入大于日成本”阶段，正常情况下，继续饲养就能盈利，直至利润峰值出现。若此时再继续饲养下去，利润就会逐日减少，甚至出现亏损。特别要注意的是，利润开始减少的时间，就是又进入“日收入小于日成本”阶段了，肉鸡养到此时出售最合算。可用下列公式进行计算：

肉鸡保本日增重〔千克/（只·日）〕= 当日耗料量〔千克/（只·日）〕× 饲料价格（元/千克）÷ 当日饲料费用占日成本的比率 ÷ 活鸡价格（元/千克）

经计算，假如肉鸡的实际日增重大于保本日增重，继续饲养可增加盈利。正常情况下，肉鸡养到实际体重达到保本体重时，已处于“日收入大于日成本”阶段，继续饲养直至达到利润峰值，此时实际日增重刚好等于保本日增重，养殖户应抓住时机及时出售肉鸡，以求获得最高利润。因为这时已经达到了肉鸡最佳上市时间，如果继续再养下去，总利润就会下降。

二、出栏管理

根据出栏计划，安排好车辆，确定好抓鸡人员和抓鸡时间，灵活安排添料和饮水，尽量减少出栏肉鸡残次品数量。

（一）出栏时机

当今，大的一条龙企业或行业之间的合作让合同养殖模式已经深入人心，合同养殖自然也就按照合同的约定出栏上市，这是最安全的养殖模式，没有大的养殖风险，但利润空间受限。

肉鸡屠宰厂也是企业，在行情下滑的情况下，风险太大也会超过宰杀厂的承受能力，一些违约的事也经常发生，宰杀厂会以停电、设备维修等种种借口而拒收。所以在与宰杀厂签订养殖合同的时候，一定要考虑周全，以免对方违约而给自己造成损失。

社会养殖，养殖与出售遵循市场规律，随行就市，风险和机遇并存。

把握好出栏时机。肉鸡在出栏前后几天根据是否发病和死亡率的情况，结合鸡群的采食情况，考察毛鸡的价格走势等因素，决定是否出栏。关键的几天会带来意想不到的效益，即使合同养殖出栏日期也不固定，要有一个范围，在鸡群发病的时候也可提前出栏才行。

（二）出栏时的注意事项

养殖顺利的时候，出栏时往往会掉以轻心，当养殖不理想的时候，出栏时往往又垂头丧气，甚至不敢面对。在出栏时要克服不稳定的情绪影响，把握好每一个细节，尽量减少不必要的损失。

先定好出栏时间，再落实抓鸡队伍；落实好屠宰厂车辆到达时间，再落实抓鸡队伍到达时间；拉毛鸡的车到达后，开始按照要求空食（把料线升起来）；空食结束开始抓鸡，同时把水线升起来（断水）；抓鸡要轻，实际上是抱鸡以免抓断腿和翅膀而影响屠体质量和价格（图5-80）；轻轻把鸡装进鸡笼（图5-81）；装车时也要轻，避免压死

图5-80　抓鸡要轻，实际上是抱鸡

图5-81　轻轻把鸡装进鸡笼

图5-82　搭好篷布

鸡或压坏、压伤鸡头；根据季节和气温决定装鸡的密度，否则会因为高温高密度而闷死鸡；装好后，最好搭好篷布，防雨防晒，冬天保温（图 5-82）。

（三）出栏结算

棚前付款，装完车过磅，过完磅付款。

杀胴体，先预付大部分毛鸡款，等杀完胴体以后统一结算。

凡是延期付款的事前都要有销售约定，约定付款期限、超过期限该承担的利息和引起纠纷以后解决的措施。

（四）批次盘点

养殖结束要根据养殖记录和销售结算情况进行批次盘点。

1. 收入

毛鸡、鸡粪、废品。

2. 支出

鸡苗款、饲料款、药费（消毒药、疫苗、抗菌药、抗病毒药、抗寄生虫、抗体等）、燃料费（煤炭、燃油）、水电费、维修费、垫料款、土地承包费、固定资产折旧、生活费、人工费、低值易耗品费、抓鸡费、检疫费等。

3. 指标

总利润、单只利润（总利润 / 出栏毛只数）、成活率（出栏鸡数 / 进鸡数）、料肉比（饲料消耗 / 出栏毛鸡重量或胴体折合毛鸡重量）、总药费、单只药费（总药费 / 出栏毛鸡数）、单只水电费、单只人工费、单只固定资产折旧费、单只抓鸡费、单只检疫费、单只燃料费等。

重点考察指标：成活率、药费、料肉比、单只出栏重。

4. 建档封存

第五节　后勤管理

随着现代化、集约化养殖场的建立，生物安全体系建设在肉鸡生产中的重要作用日益凸显，而后勤管理工作中的一些环节又往往容易被忽视，造成生物安全隐患。因此，必须加强肉鸡场后勤的细节管理，时时处处不忘为鸡群构筑一道生物安全防护网，保证肉鸡健康生长。

一、鸡粪和垫料的处理和利用

对肉鸡粪便进行减量化、无害化和资源化处理，防止和消除粪便污染，对于保护城乡生态环境，推动现代肉鸡养殖产业和循环经济发展具有十分积极的意义。

图 5-83　直接晾晒

直接晾晒处理工艺简单（图5-83），就是把鸡粪和垫料用人工直接摊开晾晒风干，压碎后直接包装作为产品出售。这种模式的优点是产品成本低，操作简单。但缺点也很明显，那就是：占地面积大，容易污染环境；晾晒还存在一个时间性与季节性的问题，不能工厂化连续生产；产品体积大，养分低，存在二次发酵现象，产品质量难以保证。

烘干处理的工艺流程，是把鸡粪和垫料直接通过烘干机（图5-84）进行高温、热化、灭菌、烘干等方式处理，最后出来含水量为13%左右的干鸡粪（图5-85），作为产品直接销售。这种模式的优点是生产量大、速度快，产品的质量稳定、水分含量低。但同时也存在一些问题，如生产过程产生的尾气会污染环境；生产过程中能

图 5-84　鸡粪烘干机

图 5-85　烘干的鸡粪装袋

耗高；出来的产品只是表面干燥，浸水后仍有臭味和二次发酵，产品的质量不可靠；设备投资大，利用率不高。

鸡粪的生物发酵处理主要有发酵池发酵（图 5-86）、直接堆腐（图 5-87）、塔式发酵等模式。

图 5-86　鸡粪在发酵池内发酵

图 5-87　鸡粪直接堆积发酵

（1）发酵池发酵　把鸡粪、垫料、草木灰、锯末混合放入水泥池中，充氧发酵，发酵完成后粉碎，过筛包装后即成为产品。这种模式的优势在于：生产工艺过程简单方便，投入少，生产成本低。主要缺点是产品养分含量低，水分含量高，达不到商品化的要求；工厂化连续生产程度低，生产周期长。

（2）直接堆腐　把鸡粪、垫料和秸秆或草炭混合，堆高 1 米左右，利用高温堆肥，定期翻动通气发酵，发酵完后就成为产品。由于堆内疏松多孔且空气流通，温度容易升高，一般可达 60~70℃，基本可杀死虫卵和病菌，同时也会使杂草种子丧失生存能力。这种模式生产工艺简单，投入少，成本低。主要问题在于产品堆腐时间过长，受各种外界条件影响大，产品的质量难以保证；产品工厂化连续生产程度不高，生产周期长。

（3）塔式发酵　其主要工艺流程是把鸡粪与锯末等辅料混合，再接入生物菌剂，同时塔体自动翻动通气，利用生物生长加速鸡粪发酵、脱臭，经过一个发酵循环过程后，从塔体出来的就基本是有机肥成品了。这种模式具有占地面积小、能耗低、污染小、工厂化程度高的优点，但它现在存在的问题是：仅靠发酵产生的生物热来排湿，产品的水分含量达不到商品化的要求；目前工艺流程运行不畅，造成人工成本大增，产量达不到设计要求；设备的腐蚀问题较严重，制约了它的进一步发展。

二、病死鸡的无害化处理

出现病死鸡，是任何一个养鸡场都难以避免的事情，肉鸡病死尸体既可能是传染源，也会在腐败分解过程中对环境造成污染，对安全生产极为不利。肉鸡病死尸体必须进行无害化处理，才能杜绝传染隐患，保证鸡场安全生产。

病死尸体的处理，需要有良好的配套制度作保障。兽医室和病死鸡处理设施应建在饲养区的下风、下水处，要处在与粪污处理区平行（或建在饲养区与粪污处理区之间）、相对独立的位置。根据不同的养鸡场规格和规模，兽医室和病死鸡处理设施与饲养区的卫生间距通常应分别在 500 米、200 米、50 米以上。周围建隔离屏障，出入口建洗手消毒盆和脚踏消毒池，备专用隔离服装。兽医室应配备与鸡场规格规模相适应的疾病监测和诊断设备。兽医室的下风向建病死鸡处理设施，如焚尸炉、尸井等，具备防污染防扩散条件（防渗、防水冲、防风、防鸟兽蚊蝇等）。

病死尸体的处理，要严格执行规范。一般情况下，鸡舍出现异常死亡或死鸡数量超过 3 只时，就要引起注意。可用料袋内膜将死鸡包好，拿出鸡舍后送到死鸡窖。需要剖检时，找兽医工作人员进行剖检。剖检死鸡必须在死鸡窖口的水泥地面上进行；剖检完毕后，对剖检地面及周围5米用5%的火碱消毒；剖检后的死鸡，用消毒液浸泡后放入死鸡窖并密封窖口，也可焚烧处理（图5-88）。要做好剖检记录，发现疫情及时会商，重要疫情必须立即上报场长。送死鸡人员，在返回鸡舍时应彻底消毒。剖检死鸡的技术人员，在结束尸体剖检后，应从污道返回消毒室，更换工作服，消毒后方可再次进入净区。

因鸡新城疫、禽霍乱等烈性传染病致死的肉鸡尸体，应尽量采用焚烧法处理（图5-89），直到将尸体烧成黑炭为止。

图5-88　将死鸡放进焚烧炉直接焚烧

图5-89　焚烧处理病死鸡

因禽痘等传染性强的疾病而死亡的肉鸡，尸体可采用深埋法处理（图5-90）。墓地要远离住宅、牧场和水源，地质宜选择沙土地，地势要高燥。从坑沿到尸体表面至少应达到1.5~2米，坑底和尸体表面均铺2~5厘米厚的石灰，然后覆土夯实。

图5-90　死鸡深埋

因普通病或其他原因致死的肉鸡，可进行发酵处理。将尸体抛入专门的尸体坑（发酵坑）内，利用生物热将尸体分解，达到消毒的目的。尸体腐败2~3天后，病毒即遭受破坏，不再具有传播、感染的危险。建筑发酵坑应选择远离住宅、牧场、水源及道路的僻静场所。

尸坑可建成圆井形，坑深 9~10 米，坑壁及坑底涂抹水泥，坑口高出地面约 30 厘米，坑口设盖，盖上有活动的小门，平时落锁。坑内尸体可以堆到距坑口 1.5 米处，经 3~5 个月尸体完全腐败分解后，就可以挖出充当肥料使用。

第6章

健康：搞好生物安全，学会检查鸡病

科学的饲养管理可有效降低肉鸡的发病率，但肉鸡的健康又受到雏鸡质量、大环境、气候等多种因素的影响，再加上管理的疏漏时有发生，所以说在做好饲养管理工作的同时，还要做好肉鸡的疾病防控工作，这样养殖才能得以顺利进行，养殖效益才能得以保障。

第一节　建设鸡场生物安全体系

鸡场的生物安全体系包括场区生物安全和场内生物安全。肉鸡传染病发生时，随着时间的推移和空间的延伸，病毒、细菌等致病微生物或寄生虫的数量会迅速增长直至产生整体实力，暴发难以控制的疫情。因此，生物安全体系就是根据传染病流行途径而采取的措施：消灭传染源，切断传播途径，保护易感动物。主要包括：消毒、隔离、免疫接种等。同时要注意舍内生物安全，避免鸡舍内疾病的扩散。

一、消毒

消毒是指利用物理、化学和生物学的方法清除或杀灭环境（各种物体、场所、饲料、饮水及肉鸡体表皮肤）中的病原微生物及其他有害微生物。 消毒是肉鸡场控制疾病的重要措施，一方面可以减少病原进入鸡舍，另一方面可以杀灭已进入鸡舍的病原。消毒一般包括物理消毒法、化学消毒法和生物消毒法。

（一）物理消毒法

通过清扫、冲洗和通风换气等手段达到消除病原体的目的，是最常用的消毒方法之一。具体操作步骤：彻底清扫→冲洗（高压水枪）→喷洒 2%~4% 的烧碱溶液→（2 小时后）高压水枪冲洗（图 6-1）→干燥→（密闭门窗）福尔马林熏蒸 24 小时→备用（有疫情时重复 2 次）。

图 6-1　高压水枪冲洗

图 6-2　紫外线杀菌

紫外线具有很好的杀菌作用。通常按地面面积，每 9 米 2 需 1 支 30 瓦紫外线灯（图 6-2）；在灯管上部安设反光罩，离地面 2.5 米左右。灯管距离污染表面不宜超过 1 米，每次照射 30 分钟。

图 6-3　高压蒸汽灭菌

高压蒸汽灭菌是通过加热来增加蒸汽压力（图 6-3），提高水蒸气温度，达到短时间灭菌的效果。

（二）化学消毒法

化学消毒法是利用化学药物或消毒剂杀灭或清除微生物的一种方法。因为，微生物的种类不同，又受到外界环境的影响，所以各类化学药物或消毒剂对微生物的影响也不同。根据不同的消毒对象，可以选用不同的化学药物或消毒剂。

喷洒法（图 6-4）主要用于地面的喷洒消毒，进鸡前对鸡舍周围 5 米以内的地面用火碱或 0.2%~0.3% 的过氧乙酸消毒。水泥地面一般常用消毒药品喷洒。大面积污染的土壤和运动场地面，可翻地，在翻地的同时撒上漂白粉，用量为 0.5~5 千克 / 米 ^{2}，混合后加水湿润压平。

图 6-4　喷洒消毒液

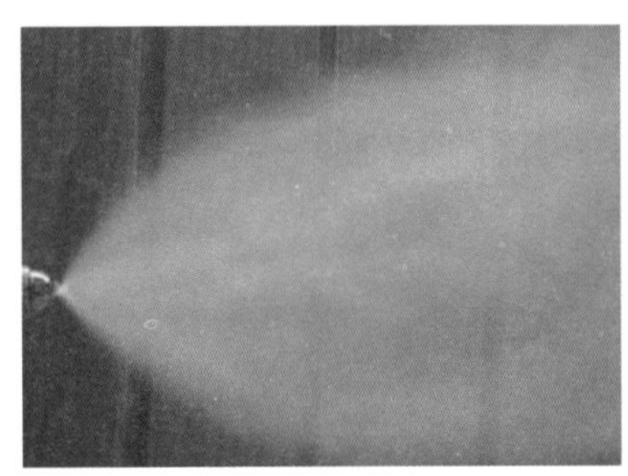

图 6-5　气雾消毒

气雾法（图 6-5）是把消毒液倒进气雾发生器，然后射出雾状颗粒，是消灭空气中病原微生物的有效方法。鸡舍常用的是带鸡喷雾消毒，配制好 0.3% 的过氧乙酸或 0.1% 的次氯酸钠溶液，要压缩空气雾化喷到鸡体上。这种方法能及时有效地净化空气，抑制氨气产生，有效杀灭鸡舍内环境中的病原微生物，消除疾病隐患，夏季还可起到降温作用。

常用的消毒剂有含氯消毒剂（如优氯净）（图 6-6）、碘类消毒剂（如碘伏，图 6-7）、醛类消毒剂（如甲醛，图 6-8）、强碱类消毒剂（如氢氧化钠，图 6-9）等。

生石灰是常用的廉价消毒剂，对一般病原体均有效，但对芽孢无效。10%~20% 的石灰水可用于墙壁、地面、粪池及污水沟等处的消毒。应注意现用现配。

涂刷过生石灰水的鸡舍内墙面、地面（图 6-10、图 6-11），生物安全检测全部合格。

图 6-6　优氯净

图 6-7　碘伏

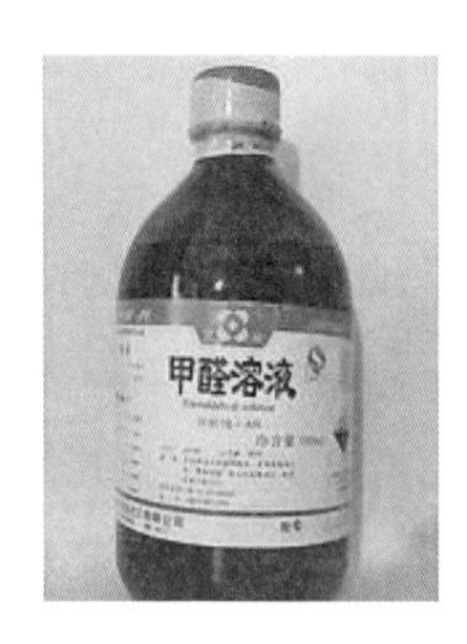

图 6-8　甲醛

图 6-9　氢氧化钠

图 6-10　刷过生石灰水的墙面

6-11　刷过生石灰水的地面

鸡场内刷过生石灰水的水泥路面（图 6-12），消毒效果好，还洁白无瑕，美观又实用。

图 6-12　刷过生石灰水的水泥路面

图 6-13　舍外净区洒生石灰

洒过生石灰后的舍外净区（图 6-13）：只要生石灰膜不破，大部分的细菌病毒都出不来。所以后期管理中，不破坏这层生石灰膜是关键。

（三）肉鸡场内的消毒管理

在鸡场门口，设置紫外线杀菌室、消毒池（槽）和消毒通道。消毒池要有足够的深度和宽度，至少能够浸没半个车轮，并且能在消毒池里转过 2 圈，并经常更换池内的消毒液，以便对进出人员和车辆实施严格的消毒（图 6-14、图 6-15）。除了不能淋湿的物品（如饲料），所有车辆要经过消毒通道进出鸡场。

图 6-14　门口的消毒池

图 6-15　消毒通道

二、隔离

隔离就是将可引起传染性疾病、寄生虫病的病原微生物排除在外

的安全措施。严格的隔离是切断传播途径的关键步骤，也是预防和控制疾病的保证。隔离主要分 3 个方面：科学选择场址、合理规划布局、健全配套隔离消毒设施。这些内容已经在前边的有关章节中详细介绍过，这里不再赘述。

三、免疫接种

肉鸡免疫接种是用人工方法将免疫原（刺激机体的免疫活性细胞产生免疫应答的能力）或免疫效应物质输入到肉鸡体内，从而使肉鸡机体产生特异性抗体（机体在抗原刺激下，由 B 细胞分化成的浆细胞所产生的、可与相应抗原发生特异性结合反应的免疫球蛋白），使对某一种病原微生物易感的肉鸡变为对该病原微生物具有抵抗力，从而帮助它们建立适合的防御体系，避免疫病的发生和流行。免疫接种是预防和控制肉鸡传染病的一项重要措施。免疫接种将会产生一定的免疫反应，在接种后的数天内，鸡会出现轻度的病态。由此产生的应激会阻碍鸡的生长发育，因此只有健康的鸡才能免疫接种。这意味着活苗免疫要等到鸡群从上一次免疫接种反应完全康复后，才能进行，免疫接种反应会在 14 天内消失。在每次免疫接种前，要检查鸡群是否健康和是否适合做免疫接种。

（一）疫苗的种类

1. 传统疫苗

传统疫苗是指用整个病原体如病毒、衣原体等接种动物、鸡胚或组织培养生长后，收获处理而制备的生物制品，由细菌培养物制成的称为菌苗。传统疫苗在防治肉鸡传染病中起到重要的作用。传统疫苗主要包括减毒活苗（图 6-16）和灭活疫苗（图 6-17），如生产上常用的新城疫Ⅰ系、Ⅲ系和Ⅳ系疫苗。根据肉鸡场的实际情况选择使用不同的疫苗。

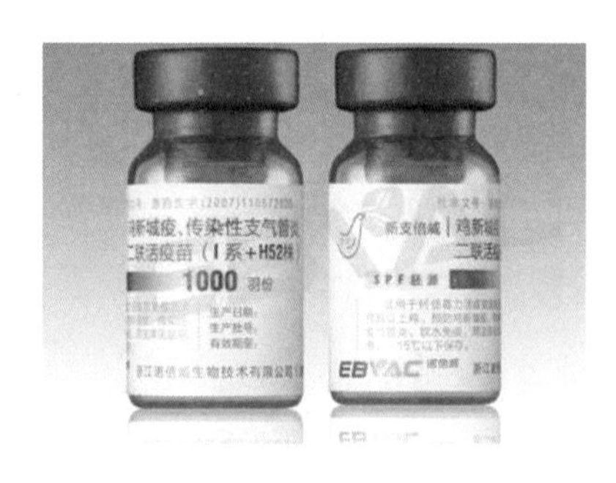

图 6-16　活苗

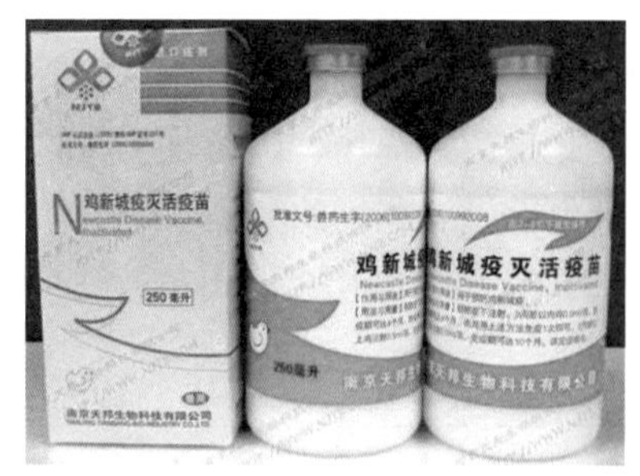

图 6-17　灭活苗

养鸡场需要通过实施生物安全体系、预防保健和免疫接种 3 种途径，来确保鸡群健康生长。在整个疾病防控体系中，三者通过不同的作用点起作用。生物安全体系主要通过隔离屏障系统，切断病原体的传播途径，通过清洗消毒减少和消灭病原体，是控制疾病的基础和根本；预防保健主要针对病原微生物，通过预防投药，减少病原微生物数量或将其杀死；免疫接种则针对易感动物，通过针对性的免疫，增加机体对某个特定病原体的抵抗力。三者相辅相成，以达到共同抗御疾病的目的。

2. 亚单位疫苗

利用微生物的某种表面结构成分（抗原）制成不含有核酸、能诱发机体产生抗体的疫苗，称为亚单位疫苗。亚单位疫苗是将致病菌主要的保护性免疫原存在的组分制成的疫苗。这类疫苗不是完整的病原体，是病原体的一部分物质。

3. 基因工程疫苗

使用 DNA 重组生物技术，把天然的或人工合成的遗传物质定向插入细菌、酵母菌或哺乳动物细胞中，使之充分表达，经纯化后而制得的疫苗。应用基因工程技术能制出不含感染性物质的亚单位疫苗、稳定的减毒疫苗及能预防多种疾病的多价疫苗。

（二）制定恰当的免疫程序

肉鸡生长周期相对较短、饲养密度大，一旦发病很难控制，即使治愈，损失也比较大，并影响产品质量。因此，制定科学的免疫程序，是搞好疫病防疫的一个非常重要的环节。制定免疫程序应该根据本地区、本鸡场、该季节疾病的流行情况和鸡群状况，每个肉鸡场都要制定适合本场的免疫程序。

表 6-1 是快大型肉鸡的几个免疫程序，供参考。

表6-1　快大型肉鸡的参考免疫程序

免疫程序	日龄	疫苗类型	免疫方法
方案一	7 日龄	新城疫Ⅳ系活苗、油苗	点眼，颈部皮下注射
	14 日龄	法氏囊炎弱毒冻干疫苗	饮水
	28 日龄	新城疫Ⅳ系活苗	饮水
方案二	7 日龄	新城疫和传染性支气管炎二联疫苗	点眼或滴鼻
	14 日龄	法氏囊炎弱毒冻干疫苗	饮水（2 倍量）
	21 日龄	新城疫和传染性支气管炎二联疫苗	饮水（2 倍量）
	28 日龄	法氏囊炎弱毒冻干疫苗	饮水
方案三	4 日龄	新城疫－传染性支气管炎二联苗	点眼
	12 日龄	禽流感灭活苗	注射
	14 日龄	法氏囊炎中毒疫苗	饮水
	25 日龄	新城疫弱毒疫苗	饮水
	30 日龄	鸡痘弱毒苗	刺种
方案四	1 日龄	ND-VH+H120+28/86	点眼
	7 日龄	ND-LaSota	点眼
		ND（Killed.）	1/2 剂量颈部皮下
	14 日龄	IBD	饮水或滴口
	21 日龄	LaSota	点眼，或 2 倍剂量饮水
	28 日龄	LaSota	2 倍剂量饮水（必要时进行）

（三）疫苗的保存、运输和稀释

1. 疫苗的保存

疫苗属于生物制品，保存时总的原则是：分类、避光、低温、冷藏（图 6-18），防止温度忽高忽低，并做好各项入库登记。

图 6-18　冷藏保存

2. 疫苗的运输

疫苗的存放地与使用地常常不在同一个地方，都有一个或近或远的距离，因此，疫苗的运输时都必须避光、低温冷藏为原则，需要使用专用冷藏车才能完成（图 6-19）。

图 6-19　冷藏运输

3. 疫苗的稀释

鸡常用疫苗中，除油苗不需稀释，直接按要求剂量使用外，其他各种疫苗均需要稀释后才能使用。疫苗若有专用稀释液（图 6-20），一定要用专用稀释液稀释。稀释时，应根据每瓶规定的头份、稀释液量来进行。无论蒸馏水、生理盐水、缓冲盐水、铝胶盐水等作稀释液，均要求无异物杂质，更不可变质。特别要求各种稀释液中不可含有任何病原微生物，也不能含有任何消

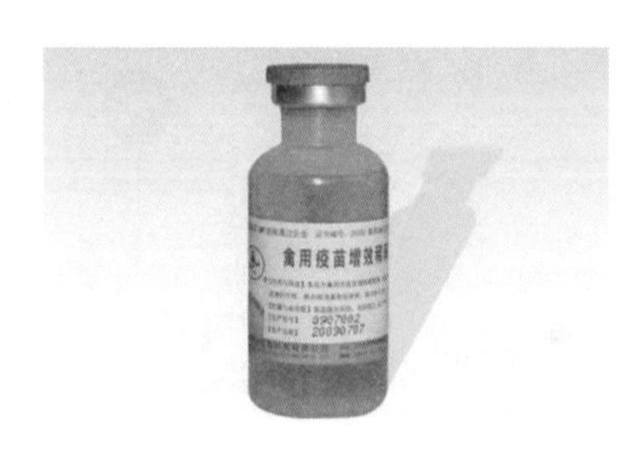

图 6-20　疫苗增效稀释剂

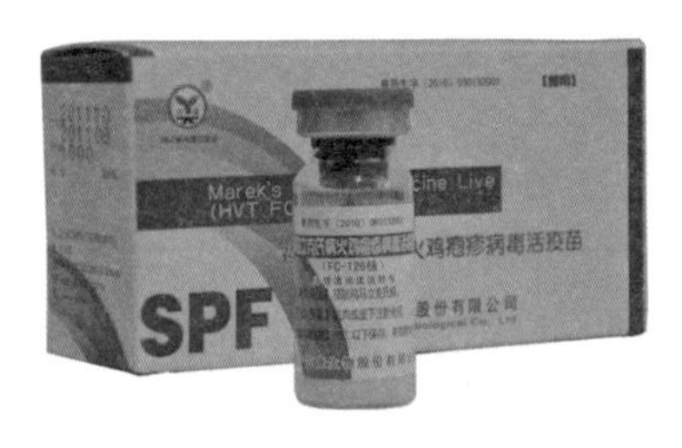

图 6-21　查看疫苗有效期

毒药物。若自制蒸馏水、生理盐水、缓冲盐水等，都必须经过消毒处理，冷却后使用。

疫苗使用前首先查看疫苗是否在有效期内（图 6–21）。

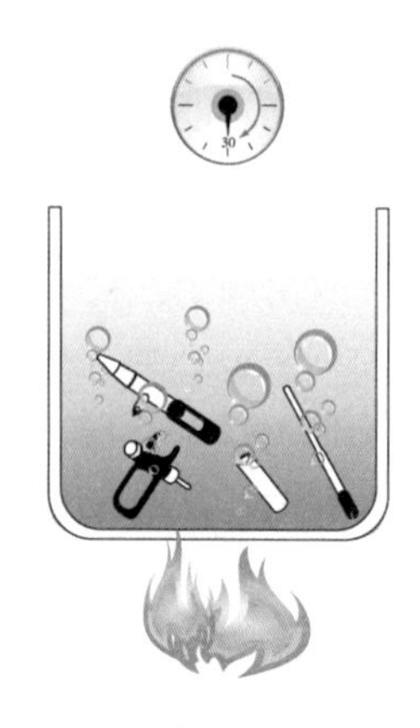
图 6–22　注射器拆洗消毒 30 分钟

稀释用具如注射器、针头、滴管、稀释瓶等，都要求事先清洗干净并高压消毒（图 6–22）备用。稀释疫苗时，要根据鸡群数量、参与免疫人员多少，分多次稀释，每次稀释好的疫苗要求在常温下半小时内用完。已打开瓶塞的疫苗或稀释液，须当次用完，若用不完则不宜保留，应废弃，并作无害化处理。不能用金属容器装和稀释疫苗，用缓冲盐水、铝胶盐水作稀释液时，应充分摇匀后使用。液氮苗稀释时，应特别注意正确操作（详细操作见各厂家液氮苗使用说明书）。进行饮水免疫稀释疫苗时，应注意水质，最好用深井水，并先加入 0.2% 的脱脂奶粉，再加入疫苗。应注意不要用加氯或用漂白粉处理过的自来水，以免影响免疫质量。

活疫苗要求现用现配（图 6–23），并且一次配置量应保证在半小

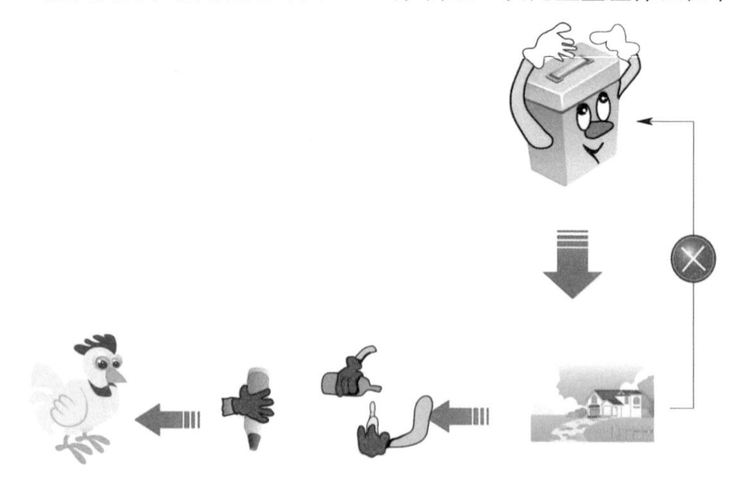
图 6–23　活疫苗使用操作程序

时内用完。

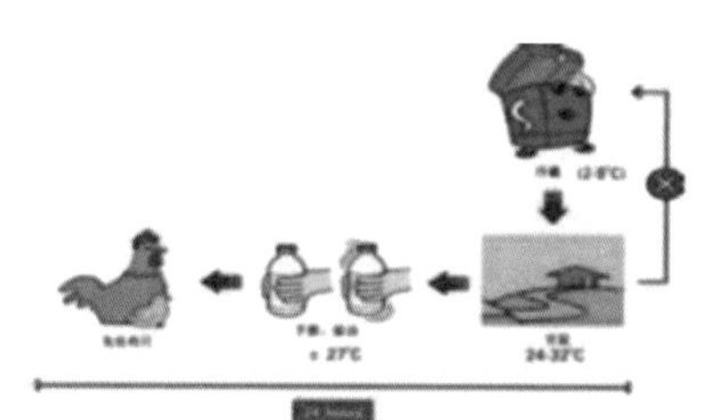

图 6-24　灭活疫苗使用操作程序

灭活疫苗在使用前要提前从冷藏箱内（2~8℃）取出，进行预温以达到室温（24~32℃）（图 6-24），这样不仅可以改善油苗的黏稠度，确保精确的注射剂量，同时还可以减轻注射疫苗对鸡只的冷应激。

（四）免疫的方法

1. 肌内注射法

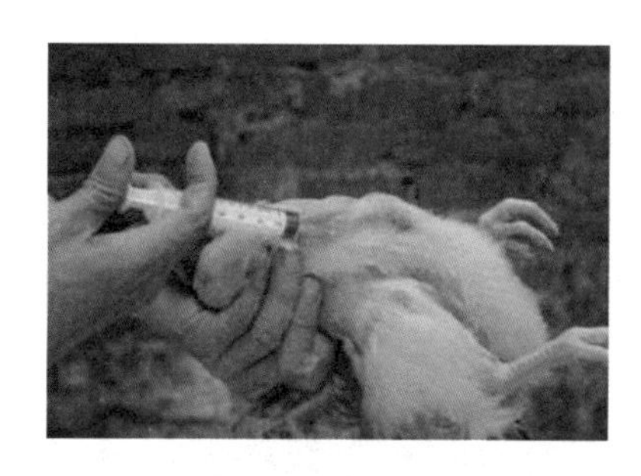

图 6-25　肌内注射法

将稀释后的疫苗，用注射针注射在鸡腿、胸或翅膀肌肉内（图 6-25）。注射腿部应选在腿外侧无血管处，顺着腿骨方向刺入，避免刺伤血管神经；注射胸部应将针头顺着胸骨方向，选中部并倾斜 30° 刺入，防止垂直刺入伤及内脏；2 月龄以上的鸡可注射翅膀肌肉，要选在翅膀根部肌肉多的地方注射。此法适合新城疫 I 系疫苗、油苗及禽霍乱弱毒苗或灭活苗。

要确保疫苗被注射到鸡的肌肉中，而非羽毛中间、腹腔或是肝脏。有些疫苗，比如细菌苗通常建议皮下注射。

2. 皮下注射法

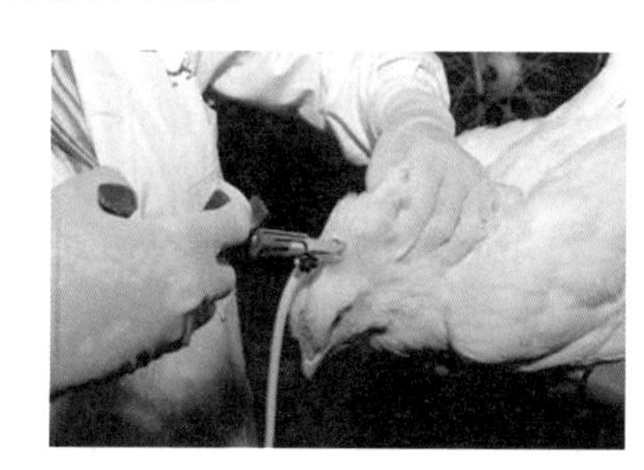

图 6-26　皮下注射

将疫苗稀释，捏起鸡颈部皮肤刺入皮下（图 6-26），防止伤及鸡颈部血管、神经。此法适合鸡马立克疫苗接种。

注射前，操作人员要对注射器进行常规检查和调试，每天使用完毕后要用 75% 的酒精对注射器进行全面的擦拭消毒。注射操作的控制重点为检查注射部位是否正确，注射渗漏情况、出血情况和注射速度等。同时也要经常检查针头情况，建议每注射 500~1000 羽更换一次针头。注射用灭活疫苗须在注射前 5~10 小时取出，使其慢慢升至室温，操作时注意随时摇动。要控制好注射免疫的速度，速度过快，容易造成注射部位不准确，油苗渗漏比例增加，但若速度过慢也会影响到整体的免疫进度。另外，针头粗细也会对注射结果产生影响，针头过粗，对颈部组织损伤的概率增大，免疫后出血的概率也就越大。针头太细，注射器在推射疫苗过程中阻力增大，疫苗注射到颈部皮下的位置与针孔位置太近，渗漏的比例会增加。

3. 滴鼻点眼法

将疫苗稀释摇匀，用标准滴管各在鸡眼、鼻孔滴一滴（约 0.05 毫升），让疫苗从鸡气管吸入肺内、渗入眼中（图 6–27）。此法适合雏鸡的新城疫Ⅱ、Ⅲ、Ⅳ系疫苗和传支、传喉等弱毒疫苗的接种，它使鸡苗接种均匀、免疫效果较好，是弱毒苗的最佳方法。

图 6–27　滴鼻点眼法

点眼通常是最有效的接种活性呼吸道病毒疫苗的方法。点眼免疫时，疫苗可以直接刺激鸡眼部的重要免疫器官——哈德氏腺，从而快速激发局部免疫反应。疫苗还可以从眼部进入气管和鼻腔，刺激呼吸道黏膜组织产生局部细胞免疫和 IgA 等抗体。但此种免疫方法对免疫操作要求比较细致，如要求疫苗滴入鸡眼内并吸收后才能放开鸡。判断点眼免疫是否成功的一种有效方法就是在疫苗液中加入蓝色染料，在免疫后 10 分钟检查鸡的舌根，如果点眼免疫成功，则鸡的舌根会被染成蓝色。

4. 刺种法

将疫苗稀释，充分摇匀，用蘸笔或接种针蘸取疫苗，在鸡翅膀内侧无血管处刺种（图 6–28）。需 3 天后检查刺种部位，若有小肿块或红斑则表示接种成功，否则需重新刺种。该方法通常用于接种鸡痘疫苗或鸡痘与脑脊髓炎二联苗，接种部位多为翅膀下的皮肤。

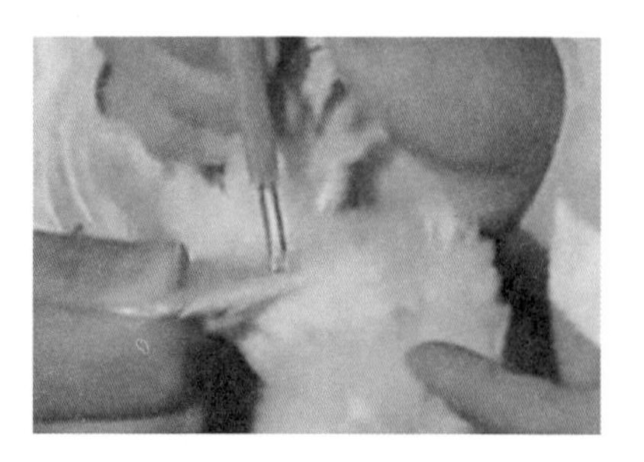

图 6–28　刺种法

翼膜刺种鸡痘疫苗时，要避开翅静脉，并且在免疫 7~10 日后检查“出痘”情况以防漏免。接种后要对所有的疫苗瓶和鸡舍内的刺种器具做好清理工作，防止鸡只的眼睛或嘴接触疫苗而导致这些器官出现损伤。

5. 饮水免疫

饮水免疫前，先将饮水器挪到高处（图 6–29），控水 2 小时；疫苗配制好之后，加到饮水器里，在 2 小时内让每一只鸡都能喝到足够的含有疫苗的水（图 6–30）。

图 6–29　饮水器挪到高处

图 6–30　雏鸡在喝疫苗水

饮水免疫注意事项

① 在饮水免疫前 2~3 小时停止供水，因鸡口渴，在开始饮水免疫后，鸡会很快饮完含有疫苗的水。若不能在 2 小时内饮完含有疫苗的水，疫苗将会开始失效。

② 贮备足够的疫苗溶液。

③ 使用稳定剂，不仅仅可以保护活疫苗，同时还含有特别的颜

色。稳定剂包含：蛋白胨、脱脂奶粉和特殊的颜料。这样，您可以知道所有的疫苗溶液全部被鸡饮用。

④ 使用自动化饮水系统的鸡舍，需要检查并确定疫苗溶液能够达到鸡舍的最后部，以保证所有的鸡都能获得饮水免疫。

6. 喷雾免疫

喷雾免疫是操作最方便的免疫方法，局部免疫效果好，抗体上升快、高、均匀度好。但喷雾免疫对喷雾器的要求较高，如 1 日龄雏鸡采用喷雾免疫时必须保证喷雾雾滴直径在 100~150 微米，否则雾滴过小会进入雏鸡肺内引起严重的呼吸道反应。而且喷雾免疫对所用疫苗也有比较高的要求，否则喷雾免疫的副反应会比较严重。实施喷雾免疫操作前应详细检查喷雾器，喷雾操作结束后要对机器进行彻底清洗消毒，而在下一次使用前应用蒸馏水对上述消毒后的部件反复多次冲洗，以免残留的酒精影响疫苗质量，同时也要加强对喷雾器的日常维护。喷雾免疫当天停止带鸡消毒，免疫前一天必须做好带鸡消毒工作，以净化鸡舍环境，提高免疫效果。

（五）免疫操作注意事项

这是个反面教材（图 6-31）：防疫后没有及时清洗消毒注射器，管子内仍残存稀释过的疫苗。正确的做法是：免疫后以最快速度打掉针管内残留的疫苗，同时用开水冲洗，眼观干净为止；然后休息或吃饭后坐下来单个拆开清理、消毒备用；只用开水冲洗是冲不干净的，否则残留的油剂在里面会起到很多不良影响：充当了细菌的培养基，同时还损坏里面的密封部件。

图 6-31　注射器用后要清洗

① 注意疫苗稀释的方法。冻干苗的瓶盖是高压盖子，稀释的方法是先用注射器将 5 毫升左右的稀释液缓缓注入瓶内，待瓶内

疫苗溶解后再打开瓶塞倒入水中。避免真空的冻干苗瓶盖突然打开使部分病毒受到冲击而灭活。

② 为了减轻免疫期间对鸡只造成的应激，可在免疫前 2 天给予电解多维和其他抗应激的药物。

③ 使用疫苗时，一定要认清疫苗的种类、使用对象和方法，尤其是活毒疫苗。使用方法错误不仅会造成严重的不良反应，甚至还会造成病毒扩散的严重后果。对于在本地区未发生过的疫病，不要轻易接种该病的活疫苗。

④ 免疫后，把所有器具清理洗刷干净，防止对环境和器具造成污染，同时也防止油乳剂疫苗变质，影响器具下次使用。

四、搞好舍内生物安全

除了搞好场区生物安全以外，还要搞好舍内生物安全，避免鸡舍内疾病的扩散。饲养人员要经常清洗自己的工作服和靴子，避免携带鸡粪和尘土进入鸡舍；场区内，不要从洁净区到污染区；进入不同的鸡舍，要先洗手、换衣服和靴子。要及时淘汰病鸡、拣出死鸡，禁止淘汰的病死鸡到处乱扔乱放。

害虫是疾病的主要传播媒介，防御和控制害虫很重要。

检查风机的出风口，确保风机不是直接吹向另一个鸡舍。

在检查鸡群情况时，发现死鸡及时清理，禁止把死鸡堆在鸡舍门口（图 6-32）。死鸡是细菌的繁殖地，而健康鸡啄食死鸡，可使细菌在整个鸡群中蔓延。

图 6-32　及时清理死鸡

有效的粪便处理和死禽处理将有助于减少昆虫、蚊蝇的数量。定期喷洒允许使用的杀虫剂来控制昆虫蚊蝇，减少疾病的病原体传播。定期清理鸡粪；在门

窗上安装纱网防止苍蝇进入鸡舍；安放粘蝇纸。在窗台、门口、地面等处涂抹苍蝇诱杀剂，可将一定距离内的苍蝇吸引过来，速效击杀。防止鸡吞食苍蝇。

第二节　鸡病的临床检查

一、鸡病临床检查的一般步骤

（一）了解病史

① 临床有什么症状？

② 症状是什么时候开始表现的？

③ 您有先前检查的病历吗？

这些症状是否已经持续了一段时间？或者之前就发生过类似的症状？

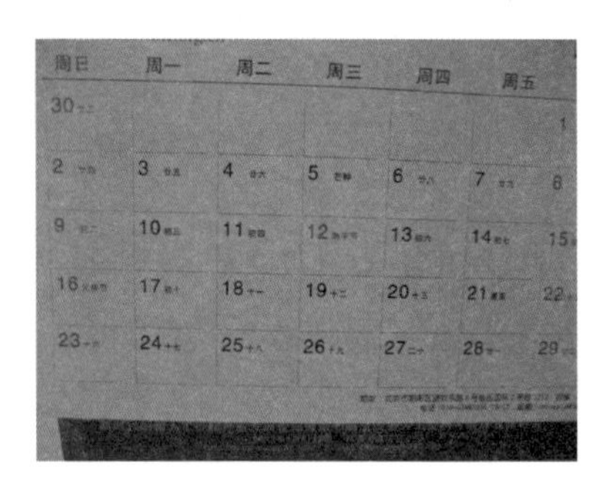

图 6–33　做好检查记录

技术特征是什么？做好检查记录（图 6–33）。

（二）观察鸡

① 当评价多个鸡舍和鸡群时，通常先看健康鸡后看病鸡。

② 整体评价鸡群：有明显的症状吗？如果有，有多少只鸡表现症状，症状严重吗？鸡的整体度如何？在鸡舍中鸡的行为和分布状况如何？

③ 对病鸡和异常鸡进行临床诊断。

这群鸡在舍温正常的情况下，部分鸡仍然出现了扎堆现象，而其他大群分布匀称。这不是鸡舍内环境气候出现问题的结果，而是鸡生病后体温升高的表现（图 6–34）。

鸡的正常体温是 40.6~41.7℃。病毒和细菌感染后体温会升高而发热。其中发热最明显的是感染传染性法氏囊炎、鸡传染性支气管炎等。鸡生病时，鸡群扎堆，以至于发热鸡的体温不能快速地降下来，很多鸡就因为高烧而死去。死去的鸡脚僵硬（图 6-35），体温高达45℃，如果剖检死鸡，有明显热气散出。

图 6-34　鸡发烧，出现扎堆

图 6-35　高烧死去的鸡僵硬

（三）进一步检测

需要增加什么样的检查以找到病因？选择合适的鸡和足够量的病料用于进一步诊断。

可能的检测包括以下几方面。

① 剖检病鸡：取组织器官样品进行检测（细菌、病毒和寄生虫的检测）。根据具体情况，兽医要求您同时送病鸡和健康鸡用以剖检，兽医也可以直接在鸡场进行剖检。

② 其他样本材料的检测，例如，气管拭子和粪便。

③ 鸡舍内环境气候的检测。

（四）重复的实验室检测

为了准确无误，需要重复的实验室诊断。

（五）对其他和之后的鸡群提出建议

二、呼吸道疾病检查

正常情况下，鸡每分钟呼吸次数为22~30次，计算鸡的呼吸次数主要通过观察泄殖腔下侧的腹部及肛门的收缩和外突来计算。患有呼吸道疾病的鸡，一般会表现气喘、张嘴呼吸。但这也可能是鸡舍气候出现问题、发热、疼痛和贫血的外在信号。

当您走进鸡舍，甚至大声拍手时，大部分鸡还是无动于衷，停留在原地不动，有时甚至发出咯咯声和咳嗽声。这表面鸡群已有呼吸道病征象。

如果怀疑鸡有呼吸道疾病，抓一只鸡，把它的胸部放倒你耳边，听且感觉是否有异常的呼吸。

呼吸道疾病一般都具有下列表现。

① 不正常的呼吸杂音：吸气鼻音、鼻塞、喷嚏，咯咯声或清脆、鸣叫、打哈欠、尖叫。最佳观察时间是鸡休息时（例如，晚上）。

② 气喘：鸡张嘴呼吸，腹部鸡肉抖动。

③ 眼睛黏膜发炎（湿润或变厚），鼻腔发炎和咽发炎。

鼻窦肿大导致头肿大。

鸡呼吸时发出的声音对诊断疾病有一定帮助（表6-2）。

表6-2　鸡呼吸时声音类型及可能的疾病

声音类型	首要原因	可能的其他原因
虽张口呼吸，但无异常呼吸音	呼吸道有少量黏液或炎性液体	发热；鸡舍内温度过高；肺部真菌感染；疼痛
异常呼吸音	少量炎性液体轻微刺激黏膜，眼睛湿润	不良的鸡舍环境气候：氨气浓度过高，相对湿度低；免疫疫苗后反应；病毒感染
喷嚏	上呼吸道黏膜受刺激，同时眼部发炎	病毒或细菌感染；免疫疫苗后反应
发出咯咯声	鼻腔和气管上部的黏膜受刺激，同时有大量的黏液	不良的鸡舍环境导致大肠杆菌感染；如果症状突然则为传染性支气管炎或新城疫

（续表）

声音类型	首要原因	可能的其他原因
张口呼吸、尖叫	呼吸道炎症，黏稠的黏液，经常会死于窒息	禽流感、新城疫、传染性支气管炎、多种混感

许多呼吸道疾病开始于眼睛黏膜的轻微炎症，而眼睛黏膜的炎症可以通过眼角是否有少量的泡沫来识别，也有张嘴伸颈气喘的症状（图 6-36）。

图 6-37 这只鸡眼睛下的鼻窦肿大，眼睛黏膜有比较严重的炎症，需要采取治疗措施。

图 6-36　这只鸡张嘴伸颈气喘

图 6-37　眼黏膜炎症，鼻窦肿大

观察鼻子和眼睛。如果鼻子潮湿、肮脏，鼻窦红肿，是呼吸道感染的症状（图 6-38）。眼睛陷进眼睑或眼睛潮湿，是呼吸道炎症的表现。正常鸡的瞳仁应该是圆而清澈，如果眼睛上沾有异物，可能是由眼睛潮湿造成，这将会造成眼睛和呼吸系统的问题。另外，鸡舍中氨气浓度过高也会对鸡的眼睛带来不良影响。鼻孔周围、眼圈附近如果有痘疮，可能是鸡痘的表现。

图 6-38　肉髯、眼睑水肿

呼吸系统检查主要通过视

诊、听诊完成，视诊主要观察呼吸频率、张嘴呼吸次数、是否甩血样黏条等。听诊主要听群体中呼吸道是否有杂音，在听诊时最好在夜间熄灯后慢慢进入鸡舍进行听诊。

病理状态下呼吸系统异常表现。

① 张嘴伸颈呼吸：表现鸡呼吸困难，多由呼吸道狭窄引起，临床多见于传染性支气管炎后期、白喉型鸡痘，小鸡出现张嘴伸颈呼吸多见于白痢或霉菌感染。热应激时鸡也会出现张嘴呼吸，应注意区别。

② 甩鼻音：听诊时听到鸡群有甩鼻音，临床多见于传染性鼻炎、支原体等。临床多见于败血型支原体、传染性支气管炎、新城疫、禽流感、曲霉菌病等。

③ 怪叫声：当鸡喉头部气管内有异物时会发出怪音，临床多见于白喉型鸡痘等。

呼吸道疾病的早期症状表现相同，通过症状和表现并不能判断疾病的轻重和类别，需要进一步剖检，有时候甚至需要进行多种实验室诊断，如禽流感可导致气管内出现黄色干酪样物。因此，新手养殖户需要把鸡的死亡率、采食饮水情况、发病起始时间等情况，全部告诉技术服务人员，以便迅速做出正确诊断。

三、消化道疾病检查

鸡的粪便不仅是消化道的代谢产物，还包括肾脏的代谢产物。

消化道疾病检查的重点是看粪便的异常。此外，消化道疾病的症状还包括其他症状，如蜷缩、羽毛蓬松、昏睡和死亡等。患有消化道疾病的鸡，饲养管理中要注意提高鸡舍温度。慢性消化道疾病可以导致鸡蛋白质、维生素、矿物质和微量元素的缺乏，要注意补充。

（1）白色粪便（图 6–39） 多由于肠黏膜分泌大量的肠液及尿酸盐增多造成。临床上雏鸡白痢、肾传支、痛风、铜绿假单胞菌、中毒等都能引起肾肿、尿酸盐沉积，出现石灰样白色粪便。

① 饲料样粪便（料粪图 6–40），多数由于小肠球虫、肠毒综合征感染，引发肠炎致使肠壁增厚，消化、吸收功能下降而引起。

图 6-39　白色稀便

图 6-40　黄色稀薄料粪

② 糖浆样粪便。多见于球虫病、盲肠肝炎、坏死性肠炎等病的前期，排硫黄样、糖浆样粪便，淡黄色稀便。

③ 法氏囊炎，排米黄色或乳黄色稀便。

绿色粪便（图 6-41）是由于鸡体发生某些病变时，消化机能出现障碍，胆汁在肠道内不能充分氧化而随肠道内容物排出造成。临床上多见于高热性疾病，如新城疫、禽流感、大肠杆菌病、传染性鼻炎、白冠病等。

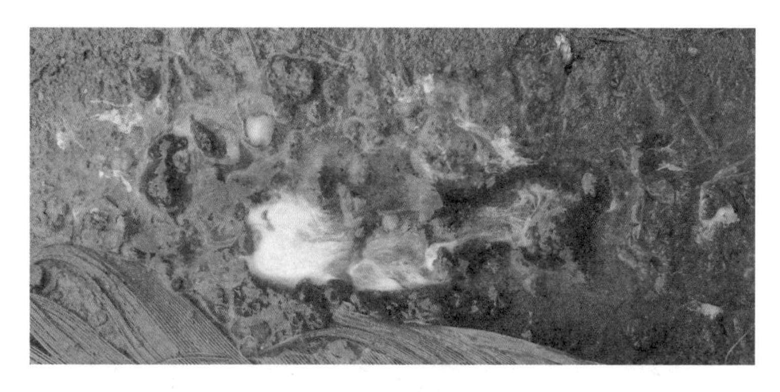

图 6-41　绿色粪便

（2）红色粪便（图 6-42）　原因主要有以下几方面。

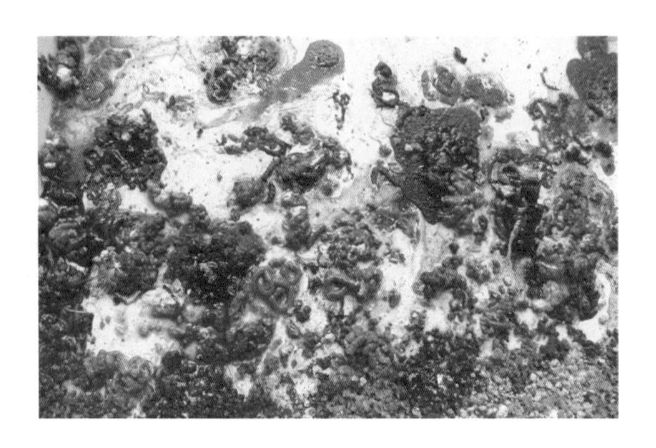

图 6-42　红色粪便

① 盲肠球虫多见，其次是绦虫、砷中毒。

② 小肠球虫、肠毒综合征，排粉红色烂肉样、胡萝卜样或西瓜瓤样粪便。

③ 霉菌毒素中毒，煤焦油样带血粪便，黏性大。

水样粪便（图 6-43）可分为病理性的和生理性的。病理性水样粪便多见于肾型传染性支气管炎、肠毒综合征、食盐中毒；生理性水样稀便多见于夏季高温环境饮水量大或水中含盐量大。

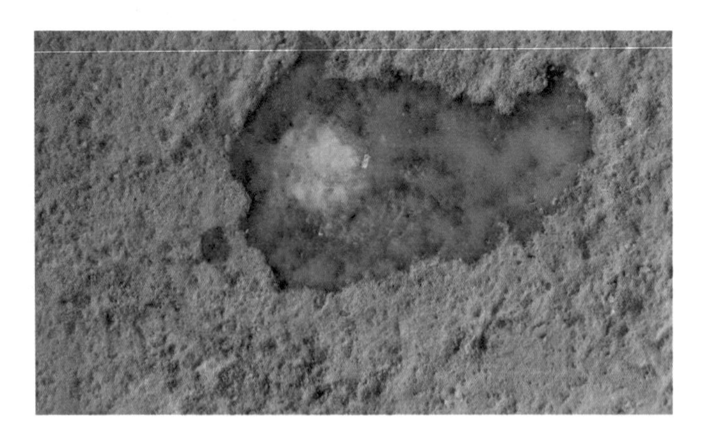

图 6-43　水样粪便

异常粪便提示鸡不同的发病原因（表 6-3）。

表6-3　异常粪便表现及可能的原因

粪便表现	提示可能的发病原因
均质稀薄	小肠问题
水串状尿酸盐，粪便呈块状	病毒感染（例如法氏囊炎、肾型传支）
可见未消化的成分（料粪）	消化功能较差
橙红色，黏稠串状	鸡长时间没有采食或感染小肠球虫
粪便带血	感染球虫
深绿色鸡粪	食欲不振或严重的急性腹泻，导致鸡粪表面有胆汁盐
黄色稀薄盲肠粪，有气体生成	小肠功能失调或饲喂不当
白色水样鸡粪	感染引起的肾病或不当的采食

参考文献

[1] 丁馥香. 图说肉鸡养殖新技术[M]. 北京：中国农业科学技术出版社，2012.
[2] 杨宁. 现代养鸡生产[M]. 北京：北京农业大学出版社，1993.
[3] 曹顶国. 轻轻松松学养肉鸡[M]. 北京：中国农业出版社，2010.
[4] 夏新义. 规模化肉鸡场饲养管理[M]. 郑州：河南科学技术出版社，2011.
[5] 赵德峰. 规模化肉鸡场经营管理[J]. 中国禽业导刊，2011，（18）.
[6] 李连任等. 肉鸡标准化规模养殖技术[M]. 北京：中国农业科学技术出版社，2013.